फ़िज़िक्स, केमिस्ट्री, अलजबरा...

वाणी प्रकाशन
21-ए, दरियागंज, नई दिल्ली-110002
फोन : 23273167, 23275710, 51562622 फैक्स : 23275710
e-mail : vani_prakashan@yahoo.com
vani_prakashan@mantraonline.com

फ़िज़िक्स, केमिस्ट्री अलजबरा...

मुशर्रफ़ आलम ज़ौक़ी

वाणी प्रकाशन का लोगो
विख्यात चित्रकार मकबूल फिदा हुसेन
की कूची से

ISBN : 81-8143-343-2

वाणी प्रकाशन
21-ए, दरियागंज, नयी दिल्ली-110002
द्वारा प्रकाशित

प्रथम संस्करण : 2005

आवरण : वाणी चित्रांकन

मूल्य : 150.00

एस. एन. प्रिंटर्स, दिल्ली-110032
द्वारा मुद्रित

PHYSICS, CHEMISTRY, ALGEBRA...
by Mosharraf Alam Zauqui

अपनी बिटिया अनमता के लिए
जिसे जीवन ने सिर्फ दो साल और तीन महीने दिये

...

'मन्टो' ने ख़ुदा के दरबार में पहुँच कर कहा—'तुमने मुझे क्या दिया है। 42 साल, आठ महीने। बस। मैंने तो 'सौगंधी' को सदियाँ दी हैं।'

'अनमता', मन्टो के दरबार में पहुँचकर बोली—मुझे तो बस दो साल और तीन महीने मिले। लेकिन मैंने पापा को 'फ़िज़िक्स, केमिस्ट्री, अलजबरा' दिया है।

दो लफ़्ज़

'फ़िज़िक्स, केमिस्ट्री, अलजेबरा' यह नाम कुछ अटपटा सा नहीं लगता? लगता है। जबसे जीवन की परिभाषाएँ बदलनी शुरू हुई हैं, बहुत कुछ बदल गया है। आप कह सकते हैं, जीवन बदला तो परिभाषाएँ भी बदलेंगी ही।

समय के साथ नज़रिये बदलते हैं। रिश्ते बदलते हैं। संबंध हर बार नये अर्थों का लिबास ओढ़ लेते हैं।

अभी हाल में विद्याधर सूरज प्रसाद नायपॉल ने भारतीय साहित्य के प्राचीनतम विषयों को ख़ारिज करने के लिए जो कुछ कहा, उससे आप भले सहमत न हों, (उनकी ज़्यादातर बातें तर्क-विहीन और असहमति का वातावरण ही पैदा करती हैं!) लेकिन मुझे उसका विरोध करने की कोई ख़ास वजह समझ में नहीं आती। नॉयपाल का गुस्सा था कि आप लोग बार-बार उपनिवेशवाद का ढोल क्यों पीटते हैं और कब तक महिलाओं के दमन-उत्पीड़न को ही लेखन का विषय बनाते रहेंगे।

हिन्दी कहानी जब 'विषय' से आगे निकलकर उदय प्रकाश तक पहुँचती है, तो मुख़ालिफ़त के स्वर फिर तेज हो जाते हैं।

कब तक हम विषयों को रोते रहेंगे। जनवाद का राग। आर्ट फ़िल्मों का वातावरण और दलित साहित्य की फटी-झोलियाँ। हिन्दी या भारतीय साहित्य के दामन में कुछ और क्यों नहीं है।

अंग्रेजी वाले यदि अपने आपको हमसे बेहतर समझते हैं तो उसका कारण विषयों की अनेकतता है, चाहे कला की सतह पर भौंडेपन का मुज़ाहिरा ही क्यों न हो। 'औरत' मात्र कपड़े उतार कर इन कहानियों में एक वेश्या क्यों न बन जाती हो। फिर भी। इन अंग्रेजी वालों के बड़बोलेपन का उत्तर देते हुए हम कमज़ोर इसलिए हो जाते हैं कि अब तक– समय-शताब्दि के इतने समय बाद भी व्याभिचार, उत्पीड़न और दमन के कला-बाज़ार में हमारा साहित्यकार फंसकर रह गया है।

शोषण– शोषण के विरुद्ध पद्य और गद्य में मशाल जलाते हुए वो अपने साहित्य को जला चुका है।

ऐसा नहीं है, कि ये, लिखे जाने वाले विषय नहीं हैं, लेकिन विषय इनसे आगे भी हैं और ज़रूरत नये विषयों के पड़ताल की भी है।

मैं कह सकता हूँ कि मैंने इनमें कुछ बेहद, नये, और अनिवार्य विषय उठाये हैं। समय-शताब्दी के इस सफ़र में रिश्ते बदले हैं मुमकिन है ये नये और बदले हुए रिश्तों की परिभाषा हो, फिर भी उन्हें पेश करना मैंने ज़रूरी समझा।

मुशर्रफ आलम ज़ौक़ी

इन्क्यूबेटर और तृप्ति मेनन

नर्सरी

सिमोन, द बोवुआर ने कहा था :

'औरत पैदा नहीं होती, बनाई जाती है।'

'नील' पैदा कहाँ हुई थी नील तो बन रही थी। नील हर बार बनने की प्रक्रिया में थी। शायद इसीलिये पैदा होते ही वह एक हस्पताल से दूसरे हस्पताल भेज दी गई थी। उसे मैंने नहीं देखा था। माँ ने भी नहीं देखा था। बल्कि कहना चाहिए, डॉक्टरों ने भी नहीं, जो ऑप्रेशन के समय यक़ीनन लेबर-रूम में मौजूद होंगे, सूत्रों के अनुसार, डॉक्टरों ने हँसते हुए कहा था—

'विश्वास कीजिए हमने भी देखा नहीं है। लेकिन वो है और साँस चल रही है।'

तो, डॉक्टरों के अनुसार 'नील' पैदा हो चुकी थी। और उसकी साँस भी चल रही थी। और अब केवल उसको जीवित रखे जाने की कार्रवाई बाकी थी। जिस हस्पताल़ में नील पैदा हुई, वहाँ नर्सरी की कोई अच्छी व्यवस्था नहीं थी। इसलिए डाक्टरों ने एक छोटी सी एमरजंसी मीटिंग के बाद नील को एक दूसरे हस्पताल शिफ्ट कर दिया था।

नील हस्पताल से घर नहीं आयी। नील एक हस्पताल से दूसरे हस्पताल चली गई। जिस एम्बूलेंस में, उसे दूसरे हस्पताल शिफ्ट किया गया, उसमें नील के साथ रिश्ते के एक भाई को बैठाया गया। वापसी में उस भाई से पूछा गया -

- तुमने उसे देखा -?

- नहीं

- क्यों, तुम तो एम्बूलेंस में पास बैठे होगे?

- हाँ, बैठा तो पास ही था, मगर...?

- मगर क्या?

- वह नहीं थी। मेरा मतलब है...

भाई सिर खुजा रहा था। भाई आँखें चुराने की कोशिश कर रहा था।

'मातृत्व सदन' में सबको जाने की इजाज़त नहीं थी। 'मातृत्व सदन' हस्पताल की पाँचवी मंज़िल पर आबाद था। अभी-अभी पैदा हुए बच्चे की आरामगाह। यह पूरा हॉल ही एयरकण्डीशण्ड था। अन्दर शीशे की बनी हुई एक छोटी सी दुनिया। शीशे के इस अजीबोग़रीब डिज़नीलैण्ड, में छोटे-छोटे अनगिनत इन्क्यूबेटर पड़े थे। छोटे-छोटे, शीशे के घरौंदे। इन घरौन्दों में ऐसे बच्चों के लिये एक नक़ली दुनिया आबाद थीं। यानी, जैसी दुनिया वह आँखें झपकाते माँ की कोख में देखते या महसूस करते होंगे। शीशे की इस छोटी से दुनिया के अन्दर का टेम्प्रेचर भी वही था, जो माँ की कोख में बच्चा महसूस करता था। इन्क्यूबेटर में ऑक्सीजन की ट्यूब भी लगी थी। दूर से शीशे के बड़े दरवाज़े से झाँकने पर, ये ढेर सारे छोटे - छोटे घरौन्दे ही लगते थे।

'नील कहाँ है?'

'मातृत्व-सदन' दिखाने वाला, डॉक्टर जोश में हाथ के इशारे से कुछ दिखाने की कोशिश कर रहा था...

'वह...वह रही ना...'

' - वह...मोटा सा बच्चा...'

'नहीं उसके पास वाला...'

- अच्छा, वह, जो बेबी उल्टी पड़ी है...

'नहीं, उसके दायें तरफ़ देखिये।'

- वह मगर वह इन्क्यूबेटर तो...

'खाली है'...डॉक्टर मुस्कुरा रहा था। 'वह बन रही है। वह है और आपको फ़िक्र करने की कोई जरूरत नहीं है।'

हस्पताल आकर मैंने उसकी माँ को यह शुभ समाचार सुना दिया। माँ को अब होश आ चुका था। बेटी होने की सूचना डॉक्टर उसे दे चुके थे। यह भी बताया जा चुका था, कि वह मातृत्व सदन भेज दी गई है। मुझे देखकर माँ की आँखों में जिज्ञासा बढ़ गई।

-तुमने देखा?

'हाँ'

'- कैसी है, वह...?'

'वह...है...यानी कि...'

'-किस पर गई है...'

'- गई नहीं है। बन रही है। घबराओ नहीं, जबतक तुम्हें जाने की इजाज़त

मिल जायेगी, वह बन चुकी होगी...'

'मतलब-?'

- फिक्र मत करो। वह बन रही है और देखते-देखते। हाँ तुम्हें पता भी नहीं चलेगा, वह तुम्हारे सामने आकर खड़ी हो जायेगी। वह खूब ज़ोर से चीखेगी। और तुम चेहरे पर गंभीरता प्रकट कर कहोगी—नील-बिहेबयुअर सेल्फ।

लेकिन माँ शायद अब कुछ भी सुन नहीं रही थी। माँ एक लम्बी ख़ामोशी में डूब गई थी।

तृप्ति मेनन के दो रंग (साहित्य और कला)

तृप्ति मेनन - एक ऐसी महिला जिनके बारे में, मैं बार-बार अलग-अलग विचारधारायें गढ़ता था और विचार धारायें कच्ची मिट्टी के घड़े की तरह टूट जाती थी। नहीं, मुझे अच्छी तरह याद नहीं कि हमारी पहली मुलाकात कहाँ हुई थी, या तृप्ति मेनन में याद रखे जाने वाली कौन सी अदा या बात थी कि मैंने पहले-पहल अपनी नोट बुक में फिर आहिस्ता-आहिस्ता उसकी 'ऊल जलूल' अदाओं को दिल की गिरह में बाँध लिया -

'चलो खाली समय का एक सामान तो हुआ -'

पहली बार में हम बहुत कम बोले थे - मुझे याद है, उस समय भी हमारे संवाद की शीर्षक औरत थी। वह एक हिन्दी पत्रिका में अपनी कहानी छपवाने आई थी। पत्रिका के संपादक मेरे बुजुर्ग दोस्त थे। आँखों पर काला चश्मा। बढ़ी हुई दाढ़ी - नाम था, राधिका रमन। राधिका जी संयासी स्वभाव के हैं। मगर कुछ ऐसी औरतें भी होती हैं, राधिका जी के शब्दों में 'चुटकी' लेने की इच्छा जोर पकड़ने लगती है - चाय आ गई थी। तृप्ति मेनन आहिस्ता - आहिस्ता चाय सुड़क रही थीं। ध्यान कहीं और था। आँचल ज़रा सा हट गया था। साँवली बाँहें, आधी नंगी, आधी सोई हुई बहार के किस्से सुना रही थीं। चेहरे पर एक तीख़ी मगर बच्चों जैसी मुस्कुराहट थी। तृप्ति बार-बार राधिका जी के मज़ाक़ की आदत पर पसरी जा रही थी।

- औरत में हर बार एक नई औरत आ जाती है - यह राधिकाजी थे।

- औरत में हर बार एक औरत गुम हो जाती है - यह मैं था।

- औरत, आपलोग उसे औरत क्यों नहीं रहने देते - यह तृप्ति थी।

मैंने पहली बार अदाओं में डूबे उसके जिस्म का जायज़ा लिया। इस जिस्म में कितनी बहारें क़ैद होंगी। चालीस, चालीस बहारें। मगर तृप्ति जानती थी, पतझड़ से पहले इस बहार की कैसे हिफ़ाज़त करनी है। मगर हर बार नई अदाओं की गिरफ़्त में उसका पूरा वजूद एक 'जोकर' में बदलता जा रहा था।

"तुम अपनी उम्र को नहीं भूली हो..." राधिका जी ने फिर चुटकी ली।

'उम्र को...?'

मैं आहिस्ता-आहिस्ता मुस्कुरा रहा था।

"- मैं समझी नहीं," तृप्ति के साँवले चेहरे पर बिजली दौड़ गई थी।

"सब समझती हो तुम। घर से चलते हुए उम्र को किसी लॉकअप में बन्द करके आती हो। फिर वापस लौट कर जब उम्र को लॉक अप से निकालने की कोशिश करती हो तो..."

राधिका रमन मुस्कुराए...यह सिर्फ तुम्हारी समस्या नहीं है तृप्ति। तुम्हारी जैसी तमाम औरतों की समस्या है।

'नहीं, सर, मेरी कोई समस्या नहीं है।'

'और मेनन?'

'हम ने लव मैरेज की है...'

'लव (Love) तुमने किया था या मेनन ने किया था...' राधिका रमन ज़ोर से कहकहा लगाते हुए बोले...

आधे खुले कंधे पर उसने आँचल फिर से बराबर कर दिया था -

"अब...अब मैं चलूँगी सर, कहानी देख लीजियेगा।"

चेहरे पर नाराजगी थी।

'अरे बैठो।'

'नहीं सर। आज आप कुछ ज़्यादा ही मज़ाक कर रहे हैं।'

उसने कुर्सी खाली कर दी। 'गोल्डन' कलर का बैग कंधे से लटकाया। और फिर देखते ही देखते दरवाज़े से ओझल हो गई...

'तृप्ति नाराज हो गई-' मेरे लिये यह पहला अवसर था।

राधिका रमन हँस रहे थे - "पागल मत बनो। तृप्ति को तुम नहीं समझोगे ऽऽ हो हो ऽऽ वह यही करती है। आदत है उसकी ऽऽ हो हो ऽऽ वास्तव में वह चाहती भी यही है।"

'क्या?'

'जो मैंने किया।' वह मुस्कुरा रहे थे।

'मतलब?'

'अरे। इसमें हैरानी की बात क्या है। उपनिषदों में कहा गया है। नारी को न समझो तो बेहतर है - नारी समझने की वस्तु नहीं है। रहस्य है। घोर रहस्य- तृप्ति इसी रहस्य का हिस्सा है - ऐसा नहीं करो तो वह नाराज़ हो जाती है। नाराज़गी पर क्यों जाते हो। उसमें 'प्राकृतिक सौंदर्य' क्यों नहीं, देखते। इस आयु में भी। तुमने देखा - साँवले जिस्म में सारे समुन्द्र की 'सुनहली' मछलियाँ एक साथ कहाँ जमा होती हैं। इन सारी 'सुनहली' मछलियों को जोड़ कर तृप्ति एक बहुत लम्बी

'सुनहली' मछली बन गई है।'

वह हँस रहे थे - "इस मछली के पीछे दौड़ोगे...बोलो...?"

लेकिन मुझे ज़्यादा दूर तक दौड़ने की ज़रूरत नहीं पड़ी -

यह तृप्ति से मेरी दूसरी मुलाकात थी।

वह 'कार्लटिन आर्ट गैलरी' में खड़ी थी। एक लम्हे को मैंने उससे छिपने की कोशिश की - वह किसी को अपने बारे में बता रही थी।

'इन्स्टीट्यूट ऑफ आर्ट एण्ड क्राफ्ट्स से कमर्शियल डीज़ाईन का कोर्स किया है। आर्ट मेरा शौक नहीं है। जिन्दगी है। साँसें है। आइल इन कैन्वस के इलावा आइल ऑन पलाईवुड, वाटर कलर पेस्टल, पेन एण्ड इंक, पलास्टर ऑफ पेरिस, सीमेन्ट ऑन ग्लास आदि मीडियम्ज़ में काम कर चुकी हूँ।'

दरमियान में एक खनकदार हँसी गूँजी -

'पिछली बार फेस्टिबल ऑफ वेमन सीरीज़ में' मैंने भी अपनी कुछ तस्वीरों की नुमाईश लगाई थी।

मैं एकदम से चौंक गया था।

मोटे भद्दे जिस्म वाली महिला ने हैरत से दरियाफ़्त किया...'आप...यानी आप भी।'

'क्यों' तृप्ति मुस्कुराई है - "आइल इन कैनवस। कभी कभी कैनवस पर सिर्फ ऑयल बेचता है। और औरत आयल की तरह पोछ डाली जाती है। नहीं? एक कोरा कैनवस - मैंन औरत के 'गर्भाशय' को दिखाने की कोशिश की थी।"

'गर्भाशय'...?

'Womb' जहाँ नौ महीने तक बच्चे के रूप में एक मर्द सड़ता है। पता है। मेरे पति तक इस नुमाइश की बात पहुँची। वह पाँच महीने तक मुझसे गुस्सा रहे थे। बातचीत कम्पलेट्ली बन्द। मैंने भी कोशिश नहीं की - औरत का नंगा बदन। आप दिखाना ही चाहते हैं तो वह जगह क्यों नहीं दिखाते जहाँ से सृष्टि, औरत Creater बनती है। रचयिता, मर्द को जनने वाली 'खालिक़'। अब यहाँ देखिये ना -

वह आर्ट के अश्लील शिल्पों को दिखा रही थी।

'दिखाना है तो औरत को पूरा-पूरा नंगा करने से क्या हासिल। बस वह जगह दिखा दो, जो मर्द देखना चाहता है।'

तृप्ति अचानक मुड़ी थी - मुड़ी और चौंक गई। मेरी तरफ़ देखा। मुस्कुराई। हाथ नहीं बढ़ाया।

'आप?'

'मुझे नहीं होना चाहिये था?'

'नहीं। होना क्यों नहीं चाहिये था।' वह झेंप रही थी - कब आये?

शायद वह पूछना चाह रही थी कि आप देर से तो नहीं हैं। हमारी बात तो नहीं सुन रहे थे। मैंने झूठ बोलने में कुशलता समझी -

'बस। अभी आया'

'ओह!' तृप्ति को तसल्ली मिली थी। मोटे जिस्म वाली औरत से पीछा छुड़ाते हुए अब वह मेरे साथ पेन्टिंग्स पर अपनी अलोचनात्मक दृष्टि डाल रही थी।

'अच्छी हैं ना'

'हाँ'

'दरअसल' वह कहते कहते ठहरी - मुझे मूड्स वाली पेन्ट्ग्स कुछ ज़्यादा ही पसन्द है। एचिंग वर्क, फिग्रेटिव वर्क और रेलिस्टिक एपरोच मुझे पसन्द है। इन तस्वीरों में इम्प्रेशनइज़्म के पहलू को भी नज़र अन्दाज़, नहीं किया जा सकता। 'क्यों '- मैं आश्चर्य से उसकी तरफ़ देख रहा था। फिर वह एक साँस में अपनी मालूमात की तोप छोड़ती चली गई। वह कम्पोजीशन अच्छा है। अमुक गलत। उस कैन्वस की सतह कम गाढ़ी होनी चाहिये थी। अमुक तस्वीर में Base बनाते हुए टेक्सचर देने की कोशिश की गई है। असमतल पर पावरफुल स्ट्रॉक्स के द्वारा रंगों का खूबसूरत इस्तेमाल किया जाना चाहिये था...

'रंग...' मैंने एक लम्बी 'आह' खींची तो वह चौंक गई।

'ज़िन्दगी से रंग झड़ जायें तो...?'

'आर्ट गैलरी से बाहर भी मुलाकात का एक रास्ता जाता है।'

वह उदास हो गई थी - 'सॉरी Sorry'

'Sorry क्यों?'

'तुम्हारा नम्बर है?'

'मैं फोन कर लूँगी।'

उसके जिस्म में थरथराहट थी। पुरानी तृप्ति गाइब थी...मैं एक नई तृप्ति को देख रहा था। जो डर रही थी - या डरने की एक्टिंग कर रही थी।

राधिका जी के शब्द कानों में गूंज रहे थे। 'नारी घोर रहस्य है। तृप्ति उसी रहस्य का हिस्सा है...'

मैंने तृप्ति को नम्बर लिखवा दिया...

आर्ट गैलरी से सड़क दो अलग-अलग दिशाओं में मुड़ गई थी।

'पुरावशेष' और तृप्ति का तीसरा रंग (म्युज़िक)

'पत्रकारों के लिये यह दुनिया एक सीप की तरह है।' यह बात किसने कही थी, याद नहीं, लेकिन फुर्सत के समय इस बारे में सोचता हूँ तो अपना अस्तित्व सीप की 'डिक्की' में बन्द घोंघे से ज़्यादा नहीं लगता - बस भागते रहो। भागते-भागते थक जाओ तो अपनी छोटी सी दुनिया में बन्द हो जाओ। और आप जानिये, फ्रीलांस

जर्नलिस्ट को कैसे-कैसे मोर्चे पर लड़ना होता है। उस दिन तबियत ठीक नहीं थी। लेकिन पत्रिका की तरफ से भारत-सिंगापुर उत्सव में शामिल होकर उसकी रिपोर्ट तैयार करनी थी। बाँसुरी का मुझे कभी शौक नहीं रहा। बचपन के दिनों में होटों से लगाया हो, अब याद नहीं। लेकिन हरी प्रसाद चौरसिया में मेरी दिलचस्पी ज़रूर थी। और यही दिलचस्पी मुझे उस उत्सव में खींच कर ले गई थी। फिक्ती ओडियोटोरियम का मेन हॉल खचाखच भरा हुआ था। किसी ने मुझे धीरे से धक्का दिया और तेज़-तेज़ अन्दर की तरफ़ क़दम बढ़ाए। मैं गुस्से में कुछ बोलना चाहता था कि ठहर गया।

'तृप्ति!'

यह तृप्ति से मेरी तीसरी मुलाकात थी। शो शुरू भी हुआ और खत्म भी हो गया। मैं बराबर उस पर नज़र रखे हुआ था। वह हॉल में होकर भी हॉल में नहीं थी। क़िसी चोर जैसी अपनी सीट पर दुबकी हुई थी - बिल्ली की तरह सहमी हुई। आहट से डर-डर जाने वाली। शो खत्म हो जाने के बाद मेरी नज़रों ने उसका पीछा किया। गेट के पास ही मैंने उसके हाथ पर अपना हाथ रख दिया।

'आह तृप्ति। यहाँ भी तुम।'

'हाथ छोड़ो - ' उसके स्वर में सख़्ती थी। 'मैंने तुम्हें देख लिया था। मैं खुद तुम से मिलने वाली थी।'

मैंने हाथ हटा लिया - 'शो कैसा लगा तुम्हें?'

वह अभी भी कहीं और थी। भीड़ से अलग हम बाहरी गेट से दूसरी तरफ़ खड़े हो गये। निकलने वाली गाड़ियों का शोर इनसानी शोर से कहीं ज़्यादा था।

'बहलाने आई थी खुद को मगर बोर...इण्डियन ओशन के इस 'बैण्ड' को देखा तुमने...उसके स्वर में कड़वाहट थी -' "कला मर गयी है। हम दो संस्कृतियों को मिला देना चाहते हैं। यह सब क्या है? एक झूठा तमाशा। तुम्हें लिखना चाहिये। भारतीय सुरों का यह कैसा मेल है। जाज़ रैगे, रॉक, पॉप और भारतीय संस्कृति का ब्रेकफास्ट मिला दिया। मिक्सचर तैयार। 'कलचरल मोटफ़' को नए माडर्न ढाँचा में डाल दिया और न्यू जेनरेशन के सामने परोस दिया। यही 'फ्यूजन' है - सिकुड़ती सिमटती दुनिया को, पागल बना देने वाली म्युज़िक कम्पनियों का विदेशी तोहफा..."

'तुम्हें फ़्यूज़न से चिढ़ क्यों है?'

'आप उसे वैसे का वैसा रहने क्यों नहीं देते, जैसा कि वह है। लेकिन नहीं। बात प्रोफेशनल लाभ की है। कनज़्यूमर वर्ल्ड की है। बाजार की है। आप वही सभ्यता बेचेंगे, जिसकी विदेशों में माँग है। '

उसकी हिरणी जैसी आँखें अब भी सहम सहम कर इधर-उधर देख लेती

थीं - सुनो?

उसने आहिस्ता से मेरा हाथ थामा...

'मेनन एक हफ़्ता के लिये बाहर गये है। साउथ। कल आ सकते हो?'

'किस समय?'

'शाम में?'

तेज़ी से आते हुए आटो को उसने हाथ देकर रोक लिया था - 'मेनन ग़लती से गाड़ी की चाबी अपने साथ ले गये। आओगे ना?'

उसने आहिस्ता से मेरा हाथ दबाया। ऑटो पर बैठी और ऑटो चल पड़ा। मेरे हाथ में एक छोटे से काग़ज की परची थी। जिस पर उसका ऐड्रेस लिखा हुआ था। लेकिन यह ऐड्रेस उसने कब लिखा। जब वह हॉल में थी या मुझे देख कर वह पहले से ही मुझे से मिलने का मन बना चुकी थी।

'नारी घोर रहस्मय वस्तु है' - मुस्कुराते हुए मैने कागज जेब के हवाले कर दिया।

कॉलबेल की पहली आवाज़ पर ही दरवाज़ा खुल गया। शायद वह मेरे इन्तेजार में थी। मेरे अन्दर आते ही उसने 'खटाक' से दरवाजा बन्द कर दिया।

मैंने इधर-उधर देखा। तृप्ति के चेहरे पर अब भी हवाइयाँ उड़ रही थीं।

"मेनन साहब कब आएँगे?"

"पता नहीं।"

मैंने घर की सजावट पर एक नज़र डालते हुए पूछा - 'मेनन साहब करते क्या हैं?'

तृप्ति बुझ गई थी। आहिस्ता से बोली। उनका सम्बंध पुरातत्व विभाग से है।

तृप्ति मेनन की आवाज़ इस बार बर्फ की तरह सर्द थी - 'वह हर बार कुछ न कुछ बरामद कर लेते हैं। मेहनती और सख़्त। सिर्फ और सिर्फ अपने काम पर यक़ीन रखने वाले। लेकिन हर बार...मुझे आश्चर्य होता है। कुछ न कुछ...'

'जैसे?'

'कोई...प्राचीन सभ्यता। प्राचीन शहर-' तृप्ति मेनन ने अपनी जुल्फों को झटका दिया। आँचल उनके काले जम्पर से फिसल कर गोद में आ गिरा था, लेकिन तृप्ति ने आँचल को उठाने का कष्ट नहीं किया। उनकी आधी खुली बाँहें सामने थीं। 'सन्दली' नंगी बाजुओं के गोश्त आहिस्ता-आहिस्ता चिंगारियाँ देने लगे थे। तृप्ति किसी सोच में डूब गई थी।

"वह हर बार कुछ न कुछ बरामद कर लेता था। लेकिन मुझे आश्चर्य है। वह आज तक मुझे बरामद नहीं कर पाया। अपनी बीवी को..."

तृप्ति ने जैसे अपने आँसू पोछे हों! दूसरे ही पल उसने अपने भावुक स्वर पर

काबू पा लिया था। 'अरे मैं तो भूल ही गई।'

'क्या?'

'आप पहली बार आये हैं और शायद - उसका लहजा उदास था।'

'मेनन साहब होते तो...'

'मैं हिम्मत तो दूर, सोच भी नहीं सकती थी।'

'क्यों?'

पता नहीं, वह मुस्कुराई - 'पहले चाय। आप चाय लेंगे या कॉफी'

'कुछ भी चलेगा।'

तृप्ति क बिन में गई तो मैंने उसके कमरे का जायज़ा लिया। दीवार पर दो सुन्दर बच्चों की तस्वीरें लटकी हुई थीं। कमरे में ऐसा बहुत कुछ था, जो तृप्ति के रूचि की कहानियाँ बयान कर रहा था। दीवार पर टंगी तस्वीरों में एक बच्चा लगभग तेरह साल का होगा। दूसरा दस के आस-पास। तृप्ति तो इतनी उम्र की नहीं लगती। क्या पता, साउथ के रीति-रिवाज और कल्चर के बारे में हम अभी भी कितने अनजान हैं।

तृप्ति कॉफी लेकर आई तो मैंने दीवार की तस्वीर की तरह इशारा किया।

'मेरे बच्चे हैं' तृप्ति ने सिर झुका लिया।

'तुम्हारे या मेनन के?' मेरी आँखें उसकी आँखों में समा गई थीं।

'मेनन के मैं उनकी दूसरी बीवी हूँ। पहली बीवी संयोगवश...'

उसका गला भर आया था...

'तुमने कहा था, मेनन से तुम्हारी लव मैरेज हुई थी।'

वह सामने बैठ गई। कॉफी आहिस्ता - आहिस्ता सुड़कती रही -

'हाँ लव मैरेज की थी। किसी लम्हे का बोझ सारी ज़िन्दगी ढोना पड़ता है।'

उन्हीं दिनों मेनन की पत्नी का देहांत हुआ था। वह घर आए थे। बाबूजी से मिलने। उन दिनों...बिज़नेस में लगातार घाटे की वजह से सारा घर परेशान चल रहा था। बाबूजी ने मेनन के बारे में बताया। यह भी, कि वह 'प्रौद्योगिकी संस्थान' में हैं। सामने बैठा हुआ आदमी ऐसा ही कुछ लग रहा था...किसी खण्डहर या प्राचीन सभ्यता से निकला हुआ...बस मैं आहिस्ता से मुस्कुरा दी।

'फिर सौदा हो गया?'

'हाँ। तुम उसे सौदा भी कह सकते हो...घर वालों को सिर्फ मेरी चिन्ता थी। मेरा क्या होगा। मैं दूध से मलाई की तरह हटा दी गई तो सारा नुकसान पूरा हो गया। मैं मेनन के साथ खुश थी मगर...'

कॉफी का प्याला उसने मेज़ पर रख दिया। मैंने उसे ध्यानपूर्वक देखा। उसने हल्के नीले रंग की नाइटी पहन नहीं रखी थी...नाइटी के " 'वी' शेप गोलाइयों की पहाड़ी जैसी ढलानें एक बेहद खूबसूरत दृश्य को छायांकित कर रही थी। नीले पर्वतों

के दरमेयान एक हल्की सी खाई उत्तेजित करने वाली थी...उसने नज़र झुका लिया था।

'तोहफ़ा में दो बच्चे मिले थे। उन बच्चों की अपनी ज़िन्दगी थी...उस ज़िन्दगी में, मैं नहीं थी। मैं एक नकली औरत बन कर उस ज़िन्दगी में प्रवेश करने की कोशिश तो करती रही, शायद मेनन को खुश करने के लिये। मगर - बच्चों ने साफ़ कह दिया।'

'माँ बनने की कोशिश में दूसरी औरत एक वेश्या बन जाती है। वेश्या...'

मुझे वह लम्हा याद है। दिन तारीख याद है - चौदह फरवरी। वैलेन्टाइन डे। रात सात बजकर बीस मिनट...'वेश्या'...बच्चों के लफ़्ज़ चेहरे पर आकर झुर्रियाँ बन गये। पल में खुशियों के 'अंगूर सूख कर किशमिश बन गये।' मुझे लगा, बच्चों ने रिवाल्वर की तमाम गोलियाँ मेरे बदन में उतार दी हैं। मैं चीखती हुई गुस्से से पलटी तो वहीं किनारे मेज़ पर, जलते हुए लैम्प की रौशनी में मेनन बहुत से कूड़े कबाड़ को प्रशंसा भरी नजरों से देख रहा था...

'तुमने सुना।' मैं रोती-चीखती हुई जोर से गरजी थी।

'हाँ सुना। मगर यह देखो...यह...' उसके चेहरे पर ज़रा भी शिकन नहीं थी...मैं साँसों के रथ पर सवार थी...जैसे लकड़ी के 'सांकचे' से लिहाफ में रूई भरने वाले रूई धुनकते हैं। मैं साँसें 'धुनक' रही थी...मेनन कह रहा था। यह देखो...

मैं देख रही थी। मेज़ पर कबाड़ पड़ा था - हाँ कबाड़, जैसे कीचड़ या गन्दा नाला साफ करने वाले पुरानी-टूटी वस्तुओं को धो-पोछ कर रख लेते हैं...

मैं साँसें धुन रही थी...'इन बच्चों ने मुझे...'

'रण्डी कहने से कोई रण्डी नहीं हो जाता...सुना है...उसका चेहरा अस्पष्ट भाव भाव प्रकट कर रहा था। मैंने एक तेज़ चीख़ मारी...गुस्से में मेज़ उलट दी। दूसरे ही लम्हे मेनन के लात जूतों की ज़द में थी। वह मुझे वैसे ही धुन रहा था जैसे लिहाफ में पुरानी रूई भरने वाले - वह मुझ पर सड़ीगालियों की बौछार कर रहा था। बच्चे मशीनी अन्दाज में, पढ़ाई करने में लगे थे।'

मेनन चीख़ रहा था 'जाहिल औरत! पता है तुम ने किया गिरा दिया। सभ्यता। प्राचीन सभ्यता - अरे आरकियालोजीकल सर्वे से मिली थी यह अद्भुत वस्तुऐं। बदक़िस्मत औरत, वर्षों की खोज के बाद तो यह ख़जाना मिला था। हम जिसके लिये मुद्दतों भटकते रहें हैं। ताल से पाताल तक...स्टूपिड...डॉटर ऑफ स्वाइन बिच...उसने मुझे दीवार की तरफ़ ढकेला - शकल देखी है...बच्चे ठीक कहते हैं। बच्चे कोई गलत नहीं कहते...'

'मैं वेश्या हूँ - तृप्ति अचानक मेरे सामने आकर तन गई थी। इतने करीब कि मैं साँसों के सरगम सुनने लगा था - 'मैं वेश्या हूँ' - मेरे बदन के 'तारों' से रूई के

गोले बिखरते चले गये। उसने नाइटी हवा में उड़ा दी...मैंने उसे मज़बूत बाँहों के शिकंजे में ले लिया'

'रूई धुन्ने वाले' की आवाज आहिस्ता-आहिस्ता धीमी होती हुई एकदम से खो गई। वह उठी। नाइटी पहनी। दिल खोलकर मुस्कुराई। मेरे गालों को पकड़कर चुम्बन लिया। आहिस्ता से बोली। थैंक यू। वाश बेसिन पर पानी के दो चार छींटे चेहरे पर मारे। फिर मुस्कुराती हुई सामने आकर बैठ गई -

मैंने आहिस्ता से पूछा।

'वह बच्चों को भी ले गया-?'

'हाँ मेरे पास अकेले रहने से वह और बच्चे दोनों ही खुद को इंसिक्योर करते हैं।'

'शायद इसी लिये तुम्हारी आत्मायें भटकती रहती हैं। कभी पत्रिका का दफ़्तर। कभी आर्ट गैलरी, कभी म्युज़िक वर्कशाप।'

मैं एक अतृप्त आत्मा हूँ। वह हँस रही थी - शायद इसीलिये माँ-बाप ने मज़ाक के तौर पर मेरा नाम तृप्ति रख दिया।

मैंने कपड़े पहन लिये थे। वह अचानक उठी। सहसा एक बार फिर मेरे जिस्म से लग गई। वह रो रही थी।

'तृप्ति...तृप्ति'...मेरे हाथ बारिश बन गये थे...उसके जिस्म के लिये...उसके थरथराते मचलते जिस्म के लिये। वह हर जगह बरस रहे थे। बोसों की बारिश कर रहे थे...फिर जैसे बिजली तेज़ी से गरजी। उसे जैसे गलती का अहसास हुआ हो। वह तेज़ी से पीछे हटी। मेरी तरफ़ देख कर हँसी - फिर बोली...

'आखिर उसे एक सभ्यता मिल गई। जिस की खोज में वह वर्षों से लगा था। एक प्राचीन सभ्यता - यह उस डरावने वैलेंटाइन डे के चौथे दिन बाद का किस्सा है। मसूरी, हिमांचल आदि में बर्फ गिरी थी शायद। सर्दी अचानक तेज हो गई थी।...वह रात के 3 बजे आया। मैं सो गई थी। आम तौर पर जब मैं अकेली होती हूँ। बेडरूम, में तो नाम मात्र लिबास पहनती हूँ...वह मुझे उठा रहा था। जानवरों की तरह...'

"हो हो ऽ उठो ऽ ऽ उठो।"

मैंने समझा, एक जानवर प्यासा है। आम तौर पर वह इसी तरह, एक बेहिस जानवर की तरह अपनी भूख मिटाता था। रात के तीन बजे उठाकर उसने मुझे सोफ़ा पर बैठा दिया। वह खुशी से झूम रहा था। 'झूमर' की तरह मुस्कुराहट उसके पोर-पोर से रौशनी दे रही थी।

"बोलो। उठाया क्यों? मैं गहरी नींद में थी।"

'मिल गया, यूरीका' उसे मेरे शब्दों की, नींद की फ़िक्र नहीं थी - 'तुम्हें याद है'...वह कमरे में टहल रहा था। मैंने बताया था। 1991 के आप-पास जर्मन यात्रियों

को आल्पस की पहाड़ियों पर टहलते हुए मानव-अवशेष मिले थे। याद है? वह बीसवीं शताब्दि की सबसे महान खोज थी। सब से महान खोज। ग्यारह वर्ष बाद उसके ठीक ग्यारह वर्ष बाद। आह, तुम यक़ीन नहीं करोगी। मगर हम दुनिया बदल देंगे। तारीख नए सिरे से लिखी जायगी। मैं उन कुछ लोगों में से एक था, जिन्हे गुजरात के तट से 30 किलोमीटर दूर खमबाट की खाड़ी में एक बड़ा खज़ाना हाथ आ गया है। 'सोनर फोटोग्राफी' तुम्हें याद है ना, चार दिन पहले -

'हाँ' मुझे याद है - मेरी बोली में अरूचि थी - 'चार दिन पहले वैलन्टाइन डे के दिन जो कुछ हुआ मैं उसे कभी भूल नहीं सकती।'

'भूलना भी नहीं चाहिये...' मेनन की बोली में कहीं भी दुःख या उदासी की झलक नहीं थी। 'झूमर' जैसे अंधेरे में सूइच की हरकत से रौशनी की तरह बिखर गया था - सोनर फोटोग्राफी से निकली तस्वीरें जब लैब से बाहर आईं तो हमें अचानक अहसास हुआ, समुन्द्र में 40 कि.मीटर नीचे दबी अतिप्राचीन सभ्यता अचानक रंगीन सितारों की तरह हमारी किस्मत से जड़ दी गई हो - एक प्राचीन नगर, मोहनजोदाड़ो की तरह के रिहाइशी मकान, सीढ़ियों की तरह नीचे उतरते पोखर, तालाब...

मेरी आँखें नींद से बोझल हो रही थी। मैं दीवारों का ख्याल रखते हुए चीखी। "मैं भी एक बड़ा पोखर हूँ। एक बड़ा तालाब हूँ। और अति प्राचीन। तुम्हें इस महान पोखर में बहते पानियों के इशारे क्यों नहीं मिलते?"

उसने मेरी आवाज़ अनसुनी कर दी - वह बता रहा था। सभ्यताएँ कहीं जाती नहीं हैं। समय के डॉयनासोर ख़ामोशी से उन्हें निगल जाते हैं। सभ्यताएँ 'ममी' से बाहर निकलने का इन्तेजार करती रहती हैं। आह, तुम नहीं जानती...मैं कितना खुश हूँ। समुन्द्र के गहरे पानी में 90 किलो मीटर के दायरे तक इन प्राचीन सभ्यता की निशानियाँ फैली हुई हैं। प्राचीन नगर एक पूरा शहर नदी में समा गया। सिन्धू घाटी की सभ्यता की तरह, यह शहर उसी तरह का है। जैसे हड़प्पा के अवशेष में पाया गया था। मिट्टी की बनी हुई नालियाँ। कच्ची सड़के छोटे-छोटे मिट्टी के घर। पत्थर के बने औज़ार, आभूषण, मिट्टी के टूटे-फूटे बरतन, जवाहरात, हाथी के दाँत और..." वह मुस्कुरा रहा था। 'सब कुछ यानी 7500 इ. पू. का'

'यह सब मुझे क्यों सुना रहे हो?'

वह आगे बढ़ा, मेरे जिस्म पर यूँ भी कपड़े उस समय नाम मात्र थे - 'उसने बाक़ी बचे कपड़े भी जिस्म से अलग कर दिया - इसलिये कि...मेरी 'पुरावशेष -' तुम्हें अब उन्हीं खण्डहरों में बैठाना चाहता हूँ - लेकिन इस से पहले तुम्हारे इन खण्डहरों पर रिसर्च करना चाहता हूँ -' उसने एक भद्दी गाली दी। मुझे बिस्तर तक खींचना चाहा। और शायद -

वह हाँफ रही थी - यह उसके साथ लगातार, बीत रहे पलों का आक्रोश था

कि मैंने उल्टा हाथ उसके गाल पर जड़ दिया।

'कुतिया...' वह हाँफ रहा था..."एक अति प्राचीन सभ्यता बरामद करने के बाद मुझे तुम्हारे टूटे फूटे खण्डहर की जरूरत नहीं है।"

उसने मुझे धक्का दिया और खुद को बिस्तर पर सोने के लिये डाल दिया, मैं जमीन के एकान्त कोने में देर तक अपने आँसुओं का शिकार होती रही।

"फिर क्या हुआ, उसने तुम्हें डीवोर्स दें दिया?"

'नहीं, वह मुस्कुराने की कोशिश कर रही थी - ऐसे लोगों को जानती हूँ। जान गई हूँ। ऐसे लोग, डरपोक होते हैं। जिन्दगी के बारे में बहुत दूर तक धूप और साया देखने वाले - ऐसे लोग क़दम-क़दम पर 'इन - सिकुरीटी के मारे होते हैं। मेनन भी ऐसे ही मनोभाव से दोचार था।' मेरे बाद - ? अपनी, जिस्मानी और बच्चों की - तृप्ति मेनन मेरी तरफ़ मुड़ गई थी' तुम्हें किया लगता है ऐसे लोग जीत सकते हैं? नहीं - किसी एक लम्हें का बोला गया सच उनके अपने अस्तित्व पर भारी पड़ता है। दूसरे दिन वह एक सधा हुआ बुलडॉग बन गया था। मेरे क़दमों पर लोटता हुआ। बच्चे स्कूल जा चुके थे। मुझे अच्छी तरह याद है।

तृप्ति आगे बढ़ कर खिड़की के पट खोल रही थी। बाहर रात की स्याही पुरी तरह छा चुकी थी। ठण्ड बढ़ गई थी। तेज़ हवा के झोंके खिड़की खोलते ही अन्दर हमारे जिस्मों में प्रवेश कर गये -

"हवा तेज़ चल रही है, नहीं?"

'हाँ'

बाहर कोहरे के 'आबशार' गिर रहे थे। वह खिड़की के पास अपने मुँह का ले गई। फिर मेरी तरफ पलटी। हल्की साँस छोड़ी, चेहरे को अपनी हथेलियों से शुष्क किया।

'कोहरे का अहसास चेहरे पर कैसा लगता है। आँ ? जैसे एक नम सी ठण्डी, रूई आप के चेहरे पर रख दी गई है - है ना?'

वह फिर मुस्कुराई—"मैं कहाँ थी, हाँ याद आया, वह एक सधे हुए बुलडॉग की तरह अपने नथुने, मेरे जिस्म पर रगड़ रहा था। कुत्ता। मुझे उबकाई आ रही थी। तेज़ नफरत महसूस हो रही थी। वह सेक्स के बुखार में जल रहा था।"

"पता नहीं क्या हो जाता है मुझे। कल रात - माफ कर दो तृप्ति - उसके रुखड़े, बिन मांस जैसे हाथ मेरे जिस्म पर मचल रहे थे। वह मेरे कपड़े खोल रहा था। मैंने कोई विरोध नहीं किया। मेमने, की तरह मासूमियत से, अपने गुस्से का दबाये उसके जानवरनुमा, पंजों का खेल देखती रही - जब वह मेरे कपड़े उतार चुका और किसी जंगली भेड़िये क़ी तरह अपने हवस पूरी करने के लिये तैयार था। ठीक उसी समय, मैं किसी जंगली बिल्ली की तरह गुर्राई। धब से ज़मीन पर कूदी। गुस्से

में उस परे ढकेला कपड़े पहने और चिल्लाई।"

'यू, सन आप बलडी स्वाइन। तुम्हारी हिम्मत कैसे हुई -? '

वह जल रहा था। वह अपने बदन की आग में जल रहा था। वह गिड़गिड़ा रहा था। वह अपने भूखे बदन की दुहाइयाँ दे रहा था। मैं किसी विजेता की तरह मुस्कुराई। इस बार उसे तरोताज़ा करने के लिये मैंने सिकन्दर बादशाह की तरह विजय का सेहरा अपने सर लिख लिया था...

तृप्ति ने खिड़की बन्द कर दी - 'चलो, उस घटना को भूल गई मैं - भूलना पड़ता है, वह चलती हुई मेरे करीब आई। मेरे जाँघों पर बैठ गई।'

'सुनो। तुम्हारे यहाँ कौन-कौन हैं?'

'मिलोगी?'

'हाँ, मिलना चाहूँगी।'

'मेनन आ गये तो?'

'अब मैं उसे डराना चाहती हूँ, वह मेरे शर्ट के बटन से खेल रही थी। खेलते-खेलते खुद बोली -'

'तुम्हारे घर एक बीवी होगी?'

'हाँ'

'उसे बताओगे कि तुमसे एक नदी की लहर टकराई थी।'

'नहीं'

'डरते हो?'

'डरना पड़ता है। बीवियाँ सिर्फ एक समुन्द्र - समुन्द्र की सिर्फ एक लहर से अवगत होती हैं। दूसरे शब्दों में कहूँ तो वह सारी लहरों पर खुद ही हुकूमत करना चाहती हैं।'

वह हँस रही थी - 'और कौन है।'

'एक बेटा'

'कितने बर्ष का'

'आठ वर्ष का'

'और - '

मैंने उसे जाँघों से परे किया। धमनियों में गर्म-गर्म तूफ़ान की आमद से खुद को बचाना चाहता था।

'तुमने बताया नहीं। और कौन है...'

'एक बेटी है। मगर...'

'मगर...?'

'नहीं। वह है नहीं। मेरा मतलब है, वह बन रही है...बस वह बन रही है और एक दिन विश्वास करो वह पूरी तरह बन जायेगी?'

'उसने चौंक कर आश्चर्य से मुझे देखा - '

'पहेलियाँ मत बुझाओ'

'वास्तव में - मैंने अपना वाक्य पूरा किया - वह इन्क्यूबेटर में है और लगातार बनने की प्रक्रिया में है...'

'क्या मुझे मिलवाओगे?'

तृप्ति ने अपना बदन एक बार फिर मेरे बदन पर डाल दिया।

लिफ्ट पाँचवी फ्लोर पर रूक गई थी। यह हस्पताल का नर्सरी वार्ड था। फुल एयरकण्डीशण्ड। बाहर एक लम्बी राहदारी चली गई थी। तृप्ति ने आहिस्ता से मेरा हाथ थाम लिया। शीशे के बने दरवाजों से गुज़रते हुए हम 'मातृत्व सदन' के बोर्ड के आगे ठहर गये।

'यहाँ जूते उतारने होंगे।'

तृप्ति के पाँव जापानियों और चीनी औरतों की तरह छोटे और मुलायम थे। गेटकीपर ने दरवाज़ा खोल दिया। दरवाज़े के अन्दर शीशे की एक अजीब सी दुनिया थी। तृप्ति आश्चर्य से शीशे के उस पार देख ही थी। शीशे के उस पार भी शीशे के कितने ही छोटे-छोटे घरौन्दे बने हुए थे। ऐसे हर घरौन्दे में नीले बल्ब जल रहे थे।

'नील कहाँ है? तृप्ति की आँखों में जिज्ञासा थी।'

वहाँ अनगिनत इन्क्यूबेटर्स थे। तृप्ति की अंगुलियाँ तैर रही थी। 'वहाँ... वह...वह भी नहीं...वह।'

'नहीं,'

'फिर नील कहाँ है?'

'नील वह रही'

'मगर वह इन्क्यूबेटर तो ख़ाली है - तृप्ति चौंक गई थी।'

'ख़ाली नहीं है। गौर से देखो।'

'खाली है! तृप्ति की बोली में उदासी थी।'

'है ना, - मैंने कहा था, वह बन रही है। मैंने तृप्ति का हाथ ज़ोर से थाम लिया था - याद है तृप्ति। मैंने कहा था, औरत हर बार बनने की प्रक्रिया में होती है। एक बेचैन आत्मा...एक यूनानी दंतकथा में पढ़ा था। औरत के 'जून' में प्रवेश से पहले, आत्मा धरती की सौ परिक्रमायें पूरी करती है। तुम्हारी आत्मा भी बेचैन थी। कभी साहित्य कभी आर्ट और कभी...'

तृप्ति मेरी तरफ़ तेज़ी से मुड़ी। हँसते हुए बोली -

'सुनो। इस इन्क्युबेटर में मेनन को डाल दूँ?'

'नहीं?'

मेरा लहजा नपा-तुला था - 'सब से पहले अभी तुम्हें इस इन्क्यूबेटर से बाहर निकलना है'

मैंने उसकी तरफ़ नहीं देखा...उसका हाथ थाम कर बाहर आ गया - लिफ्ट के बटन पर अंगुलियाँ रखते हुए भी मैंने उसकी तरफ पलट कर नहीं देखा -

मुमकिन है वह इन्क्यूबेटर में रह गई हो - या मुमकिन है, पति के 'पुरावशेष' में भटक रही हो!

बाप और बेटा

(1)

बाहर कुहासा गिर रहा था। काफी शीत-लहरी थी। मेज़ पर रखी चाय बर्फ बन चुकी थी। काफी देर बाद 'बाप' के लब लहराये थे...'मेरा एक घर है' और जवाब में एक शरारती मुस्कराहट उभरी थी। 'और मैं एक जिस्म हूँ। अपने-आप से सुलह कर लोगे तब भी एक जंग तो तुम्हारे अंदर चलती ही रहेगी। एक अग्नि परीक्षा तो देनी ही होगी तुम्हें, मन की सतह पर। अपने-आप से लड़ना कैसा होता है, नहीं जानते। घर...बच्चे, एक उम्र निकल जाती है...'

बाप उस दिन जल्दी ही घर लौट आये थे...शायद, एक तरह के अपराध-बोध से ग्रसित। नहीं, यह ठीक नहीं है...या ऐसा नहीं होना चाहिए। वह बहुत देर तक अंधेरे कमरे में अपनी ही परछाइयों से लड़ते रहे। कमरा अंधेरा हो, और शांत तो अच्छा-खासा युद्धस्थल बन जाता है, जितनी मर्ज़ी खुद से लड़ते रहो...कभी-कभी नितांत चुप्पी। गहरा अंधेरा और एकदम से शांत माहौल भी आपसे गुफ़्तगू करने लगते हैं। ढेरों, सैकड़ों प्रकार की गुफ़्तगुएँ—और वो भी पूरी गम्भीरता से। मिसाइलें छूटती हैं। तोपें दगती हैं और कभी-कभी अपना-आप तो इतना लहूलुहान हो जाता है कि...तन्हाइयों से डर लगने लगता है...मगर थके, अशांत मन को कभी-कभी इन्हीं तन्हाइयों पर प्यार आता है। ये तन्हाइयाँ किस्से जनती भी हैं और...किस्से सुनती भी हैं...

कमरे में उतरी हुई ये परछाइयाँ देर तक बाप से लड़ती रही थीं...'पागल हो ...तुम एक पिता हो...एक पति हो...' बाप एक गहरे चिन्तन में थे। जिस्म की माँग कुछ और थी, शायद। मगर नहीं...शायद ये जिस्म की माँग नहीं थी। जिस्म को तो वर्षों पहले उदास कर दिया था उन्होंने। महत्त्वहीन नहीं। जैसे कोई माँग नहीं हो। कोई गर्मजोशी...बस एक खुरदुरे प्रस्ताव जैसा। जैसे किसी बूढ़े होने के एहसास से खुद को बचाये रखने की एक ज़रूरी कार्रवाई भर, बस। ज़िन्दगी ने शायद इस उदासी के आगे का, कोई खूबसूरत सपना देखना बंद कर दिया था।

और एक दिन जैसे, बाप ने ज़िन्दगी की दूर तक फैली गुफा में अपने भविष्य

का अन्त पढ़ लिया था...'बस...यही बच्चे...इन्हीं में समाया जीवन और...यही अन्त है...फुलस्टाप!'

वो भीतर तक लरज़ गये थे।

बाप इसके बाद भी कई दिनों तक लरज़ते रहे थे। दरअसल बाप को ये रूटीन-लाइफ वाला जानवर बनना कुछ ज्यादा पसंद नहीं था। मगर शादी के बाद से, जैसे वह सभ्यता और मर्यादा की इस गाँठ से बंधे रह गये थे। बस यहीं तक, फिर बच्चे हुए और भीतर का वो रूमानी आदमी, ज़िन्दगी की अनगिनत शाहराहों के बीच कहाँ खो गया, बाप को इसका पता भी नहीं चला।

(2)

बेटे को बाप के इस बदलाव का एहसास था। हो सकता है, घर के दूसरे लोग भी बाप की चुप्पी को अलग-अलग तरह से पढ़ने की कोशिश कर रहे हों, मगर बाप अन्दर-ही-अन्दर कौन-सी जंग लड़ रहे हैं, ये बेटे से ज़्यादा कोई महीं जानता था। ये मनोविज्ञान की कोई ऐसी बहुत बारीक तह नहीं थी, जिसे जानने या समझने के लिए उसे काफी मेहनत करनी पड़ी हो। बाप के भीतर चल रहे अन्तर्द्वंद को उसने ज़रा-सी समीक्षा के बाद ही समझ लिया था...

बाप में एक पुरुष लौट रहा है!

शायद बाप जैसी इस उम्र में सब बापों के अन्दर इस तरह सोये हुए पुरुष लौट आते हों। शेष की बात वो नहीं जानता। मगर बाप, उस पुरुष को लेकर उलझ गये हैं। ज़रा गम्भीर हो गये हैं।

तो क्या, बाप कभी बग़ावत भी कर सकते हैं?

बेटे को एहसास तो था कि बाप के अन्दर का पुरुष लौट आया है, मगर वो इस बात से अनभिज्ञ था कि बाप घरवालों से उस पुरुष का एहसास कैसे करायेंगे या, बाप को घरवालों से उस पुरुष का एहसास कराना भी चाहिए या नहीं।

हो सकता है कि आप ये पूछें कि बेटे को इस बात का पता कैसे चला कि पिता के अन्दर का पुरुष लौट आया है?...लेकिन बेटे का ऐसा सोचना स्वाभाविक ही नहीं, बल्कि उसके निरन्तर कई दिनों के मूल्यांकन का परिणाम भी है। यद्यपि ये भी सही है पिता में आ रहे बदलाव को घरवाले अगल-अलग तरह से ले रहे थे। जैसे शायद माँ ये सोचती हो कि पिंकी अब बड़ी हो गई है, इसीलिए पिता ज़रा से संजीदा हो गये हैं।

लेकिन बेटे को ऐसे तर्क या माँ के ऐसा सोचने पर आपत्ति है और इसकी वजह बहुत साफ है। बाप का रहन-सहन, माहौल, बेटे को पता है, दस पिंकियों का विवाह भी बाप के लिए प्रॉब्लम नहीं है। बाप के पास क्या नहीं है...कार, बंगला और एक सफलतम आदमी की पहचान...। लेकिन बेटे को पता है, इस पहचान

के बीच, अचानक किसी तन्हा गोशे से कोई दर्द उतर आया है।

बाप के अन्दर आई हुई तब्दीलियों का एहसास बेटा को बार-बार होता रहा ...जैसे उस दिन...बाप अचानक रूमानी हो उठे थे...

'तुम्हें पता है, बाथरूम में ये कौन गा रहा है?' उसने माँ से पूछा था। एक बेहद रिवायती क़िस्म की माँ।

माँ के चेहरे पर सिलवटें थी।

'मैंने पापा को कभी इतना खुश नहीं देखा, क्यों माँ?'

माँ के चहरे पर बल थे...

'वो ठीक तो हैं ना?' माँ का लहजा डरा हुआ था।

'क्यों?'

'उन्हें कभी इस तरह गाते हुए...'

बेटे को हँसी आ गई—'कमाल करती हो तुम भी माँ। यानी बाप को कैसा होना चाहिए। हर वक्त एक फिकिरमंद चेहरेवाला जल्लादनुमा...गुस्सैल, आदर्शवादी... या,' बेटा मुस्कुराते हुए बोला...'बाप में भी तो जज़्बात हो सकते हैं, क्यों माँ?'

बेटे ने परवाह नहीं की। माँ उसके आख़िरी जुमले पर दुख गई थी...शायद नहीं। माँ को उसके आख़िरी जुमले से शंका हुई थी। पूरे बीस बरस बाद—बाप के प्रति कहीं बाप में...

माँ ने फौरन एक फीकी मुस्कुराहट के साथ खुद की तसल्ली का सामना किया था...'कोई जोरदार रिश्वत मिली होगी'—माँ को पता था, कि किसी सरकारी अफ़सर के पास भी इतना सब कुछ आराम से नहीं मिल जाता, जितना कि उसके बाप ने हासिल किया हुआ था।

बाप उस दिन रूमानी हो उठे थे। फिर बाद को काफी संजीदा नज़र आये। जैसे तपती धरती पर बारिश की कुछ बूंदे बरस जायें। बेटा दिल-ही-दिल में मुस्कराता था...हो न हो, ये 'मेह' बरस जाने के बाद का दृश्य था। बाप के जीवन में कोई आ गया है। पहले बाप को अच्छा लगा होगा इसलिए बाप थोड़े रूमानी हो उठे होंगे। फिर बाप को एहसासों के ऑक्टोपस ने जकड़ लिया होगा।

बेटे को अब बाप की सारी कार्रवाइयों में मज़ा मिल रहा था।

(3)

बाप को यहाँ तक, यानी इस मंज़िल तक पहुँचने में काफी मेहनत करनी पड़ी थी। संघर्ष के काफी ऊबड़-खाबड़ रास्तों से गुजरना पड़ा था। बाप को पता था कि वो शुरू से ही रूमानी रहा है। भावुक आँखों के आगे दूर तक फैला हुआ एक चमकीला आकाश। बचपन में छोटी-मोटी कविताएँ भी लिखी होंगी। इन कविताओं में तब उस समय रचने-बसने वाले चेहरे ही रहे होंगे। घर के उदास छप्परों पर तब

ख़ामोशी के कौवे बैठे होते थे। बाप को शीघ्र ही इस बात का एहसास हो गया कि खुशबुओं के दरख़्तों पर निवास करने वाली रूमानी तितलियों की तलाश में उसे ज़रा सा प्रैक्टिकल बनना होगा। बाप होशियार था, उसने पथरीले रास्ते चुने। कविताओं की मार्मिक दुनिया से अलग का रास्ता। दिलों में उठने वाली रूमानी लहरों को सुलाया। एक अदद अच्छी नौकरी, और घरवालों की मर्जी की पत्नी के साथ जीवन-द्वीप पर आ गया। पर वो रूमानी लहरें कहाँ गईं या वो कहीं नहीं थीं...या वो उस उम्र में सबके भीतर होती थीं। बाप की तरह और सब ही बाप की तरह उन्हें भीतर छोड़कर भूल जाते थे। रोज़मर्रा की ज़िन्दगी में कभी कोई सैलाब नहीं आता था।

मगर बाप की आँखों में सैलाब आ चुका था। और वो भी अचानक और वो भी ऐसे समय जब पिंकी जवान हो चुकी थी और बेटे की आँखों में रूमानी लहरों की हलचल तेज़ हो गई थी। ठीक बीस साल पहले, बाप की तरह...

लेकिन बीस साल बाद का ये समय और बाप वाला नहीं। बेटे के साथ, बाप जैसी उदास छप्पर की दास्तान नहीं थी। बेटे के पास बाप का बंगला था। एक टाटा सीरा थी। टाटा सीरा में साथ घूमने वाली यूँ तो कई लड़कियाँ थीं मगर समुद्र की बहुत सारी लहरों में से एक लहर उसे सब से ज्यादा पसंद थी। बेटे को सबसे ज्यादा गुदगुदाती थीं...और बेशक, बेटा उसके लिए उसके नाम पर रूमानी शायरी भी कर सकता था। समय के साथ, बेटे के सामने दर्शन, तर्क और तसल्लियों के सब दरवाज़े खुले थे। बेटा इंटरनेट, क्लोन और कम्प्यूटर पर घंटों बातें कर सकता था। उसे अपने समय की तरक्की का अंदाजा था। बहुत तरक़्क़ीयाफ़्ता मुल्क का शहरी न होने के बावजूद खुद को तरक़्क़ीयाफ्ता समझने की बहुत सी मिसालें वो गढ़ सकता था।

हाँ, ये और बात है कि कभी-कभी वो फिसल भी जाता था, मिसाल के लिए, या जैसे, उस दिन...उस ठंडी शाम...कॉफी-शॉप में बेटे की नजर अचानक एक तरफ चली गई। उस तरफ, मगर जो वो देख रहा था वो शत-प्रतिशत सच था। उसने दाँतों से उँगलियों को चबाया नहीं, जो कुछ वो देख रहा था, वो कतई तौर पर नज़रों का धोखा नहीं था। उसके टेबल के बायीं तरफ टेबुल। टेबुल पर रेंगता हुआ एक मर्दाना हाथ...कॉफ़ी की प्यालियों के बीच थरथराता हुआ एक जनाना हाथ...सख़्त खुरदुरी उँगलियाँ, धीरे से मुलायम उँगलियों से टकराईं...

'छिपकिली!' बेटे के अन्दर का तरक़्क़ीयाफ़्ता आदमी सामने था

'क्या?' लड़की उछल पड़ी थी।

'नहीं...'

'तुमने अभी तो कहा...छिप...कि...

'नहीं...कुछ नहीं...बस चलो यहाँ से

बेटा...सीट छोड़कर उठ गया था। लड़की हैरान थी।

'क्यों चलूँ। अभी-अभी तो हम आये हैं।

'मैंने कहा ना' यहाँ से चलो।

क्यूँ? लड़की की आँखों में शरारत थी, कोई और है क्या?

उठते-उठते पलट कर लड़की ने उस दिशा में देख लिया था, जहाँ...

दोनों बाहर आ गये...बाहर आकर लड़की के स्वर में कठोरता थी—

कौन था वो?

कोई नहीं।

फिर बाहर क्यों आ गये?

बस...यों ही...

यों ही नहीं...सुनो। लड़की अब उसकी आँखों में झाँकती हुई मुस्करा रही थी...

कोई तुम्हारी जान-पहचान का था?

वो चुप रहा...

लड़की की आँखों में एक पल को कुर्सी पर बैठे उस व्यक्ति का चेहरा घूम गया...

सुनो, उसका चेहरा कुछ जाना-पहचाना सा लगा।

तुम नाहक शक कर रही हो—

सुनो, वो तुम तो नहीं थे? लड़की हँस दी।

पागल! लड़के का बदन थरथराया।

अच्छा, अब मुझे लगा, लड़की ज़ोर-ज़ोर से हँस पड़ी...और मैंने ये क्यों कहा कि...वो तुम तो नहीं थे।

फिर—लड़के के माथे पर पसीने की चपचपाहट थी।

क्योंकि वे तुम्हारे—तुम्हारे डैड थे। है ना? अब झूठ मत बोलो। मगर एक बात समझ नहीं सकी। तुम भाग क्यों आये...?

लड़की हैरान थी...तुम्हारी तरह तुम्हारे पिता को...या हमारे पैरेंट्स को ये सब करने का अधिकार क्यों नहीं है...किसने वंचित किया है उन्हें उनके अधिकार से ...क्या हमने?

बेटे को अब धीरे-धीरे होश आने लगा था...आओ कहीं और बैठ कर बातें करते है।

(4)

बाप, इन दिनों अजीब से हालात से दो-चार था। बाप जानता था कि इन दिनों जो कुछ भी उसके साथ घटित हो रहा है, उसके पीछे एक लड़की है...जो पिंकी की

उम्र की है। यद्यपि बाप जैसा स्टेटस रखने वालों के लिए इस तरह की बातें कोई खबर तक नहीं बनती हैं। मगर बाप की बात दूसरी थी। बाप उस 'माशरे' से था जहाँ एक पत्नी, एक सुखद घरेलू जीवन और शराफत का ही सिक्का चलता है। यानी जहाँ होने वाली हर बात किसी-न-किसी सतह पर खानदानीपन से जुड़ जाती है। जीवन-अध्याय के इस उलझे हुए पुल से गुज़रते हुए, बाप को इस बात का एहसास ज़रूर था कि वो लड़की अनायास नहीं आई थी। कहीं धीरे-धीरे एक वैक्यूम या खालीपन उसमें अवश्य समा गया था, जिसकी खानापूर्ति के लिए किसी चोर दरवाज़े से ये लड़की उसके भीतर दाखिल होकर, उसके 'होशो-हवास' पर छा गई थी।

कहीं, एक उम्र निकल जाने के बाद भी एक उम्र रह जाती है, जो जीवन के तपते रेगिस्तान में किसी अमृत या किसी रूमानी ठंडे पानी के झरने की आरजू रखती है। बाप ने सब कुछ तो हासिल कर लिया था। मगर—उसे लगता था, सब कुछ पा लेने के बावजूद वो किसी मशीनी मानव या रोबोट से अलग नहीं है और ये जीवन केवल इतना भर नहीं है। बच्चों को एक जीवन दान कर देने भर। वो ऐसे बहुत से लोगों की तरह जीवन-युद्ध गुजारने के विरूद्ध था, जिनके पास जीने के नाम पर कोई बड़ा मक़सद नहीं होता है या जो अपनी इच्छाओं, भावनाओं और जीवन के प्रति सभी तरह के रूमान को सुलाकर उदासीन बन जाते हैं। बाप के नज़दीक ऐसे लोगों को बस यही कहा जा सकता था—यानी एक नाकाम आदमी। लेकिन अचानक बाप को लगने लगा था...क्या वो भी एक नाकाम आदमी है?

दरअसल बाप के अन्दर 'तब्दीली' लाने में उस सपने का भी हाथ रहा था.. कहना चाहिए वो एक भयानक सपना था और बाप के लिए किसी मानसिक आघात से कम नहीं। क्या ऐसा सपना दूसरों को भी आता है, या आ सकता है? संसार से यदि अच्छाई-बुराई, पाप-पुण्य जैसी चीज़े एकदम खो जायें तो? इससे ज़्यादा ज़लील सपना--नहीं। कहना चाहिए, बाप डर गया था। वो एक आम सपना था। जैसे सपने युवावस्था में आमतौर पर आते रहते हैं। सपने में कोई ऐसी खास बात नहीं थी, बल्कि एक बहुत ही साधारण-सा-सपना—जो बहुत से मनोवैज्ञानिक जैसे जैवी रेडल्स, पीटर होऊज़ और फ्राइड के मुताबिक—'अतृप्त इच्छाओं वाले बूढ़े व्यक्ति के लिए ये असाधारण घटना नहीं है।' यानी सपने में किसी औरत से बलात्कार। बाप सपने में ऐसे ही एक बलात्कार का मुलज़िम बना था। लड़की भयभीत अवस्था में धीरे-धीरे पीछे हटती गई थी। बाप पर पागलपन सवार था। चर्र से आवाज़ हुई। भयभीत लड़की की दुधिया जिल्द और कोमल काया उसकी नज़रों के सामने थी। चेहरे से लेकर, सीने तक के कटान, भरे-भरे बदन का कोई भी गोशा ऐसा नहीं था, जो बाप की निगाहों से ओझल था। दूधिया, मखमली देह, तपते रेगिस्तान में जैसे ठंडे पानी की एक बूँद—बूँद टप...से गिरी...

दार्शनिक सुकरात, अरस्तु से लेकर प्रसिद्ध मनोवैज्ञानिक सिग्मंड फ्राइड तक,

सभी की मान्यता रही है कि...सपनों के मूल में कहीं-न-कहीं दमित इच्छाएँ और शारीरिक क्रियाएँ रहती हैं...तो क्या जो कुछ सपने में हुआ...वो...?

तो क्या ये बाप की कोई दमित इच्छा थी? 'दमित इच्छाएँ मूलतः यौन-कामना ही होती हैं'। बाप को पता था।

यद्यपि सपनों के बारे में बाप का कोई गहन अध्ययन तो नहीं था। फिर भी अपनी दिलचस्पी के लिहाज से बाप ऐसी बातों से परिचित था। क्लेयर वायेंट टेलीपैथी, प्रीकाग्निशन्स, रेट्रोकाग्नीशन से लेकर सपनों में होने वाली कामवासना आदि पर भी उसकी पर्याप्त जानकारी थी। बाप को लगा। बलात्कार करने वाला व्यक्ति वो नहीं। कोई प्रेतात्मा है। (ऐसा प्रेतात्माओं पर परामनोवैज्ञानिक भाषा में इन्क्यूबी और सक्यूबी नाम दिये गये हैं। यह शैतानी प्रेतात्माएँ स्त्री और पुरुष में सोए प्राणियों के साथ अपनी कामवासना तृप्त करती हैं...) तो क्या सचमुच वो बाप नहीं था...वो कोई प्रेतात्मा था?

लेकिन ये तसल्ली कोई बहुत मजबूत नहीं थी। इसने मनोविज्ञान और परामनोविज्ञान के सारे चीथड़े बिखेर दिये थे। बाप के लिए ये सब कुछ असहनीय था। इसलिए कि सपने में जिस लड़की के साथ बाप ने बलात्कार किया था, वह लड़की पिंकी थी...

देर तक बाप का बदन किसी ठूँठ पेड़ की भाँति तेज़ हवा से हिलता रहा था। बाप ने कहीं पढ़ा था—मनुष्य की मानसिक प्रवृत्तियों को नियंत्रित करने वाली भावना का नाम है—लिबिडो अर्थात् काम-प्रवृत्ति। ये तृप्ति स्त्री-पुरुष के मिलन से ही सम्भव है। अपने मनचाहे साथी के साथ जिन्हें ये तृप्ति प्राप्त हो जाती है, वे मानसिक रूप से स्वस्थ हो जाते है। मनचाही तृप्ति प्राप्त न हो तो, मन में दबी चाह दुःस्वप्नों का निर्माण करती है। तो क्या बाप अतृप्त था? बहुत दिनों तक नारी-जननेंद्रियों के प्रतीक जैसे ओखली, दवात, कमरा, कुआँ आदि उसके सपनों में उभरते रहे। और हद तो ये है...कि इन सपनों का अन्त कहाँ हुआ था। वो भी एक ऐसे बलात्कार के साथ...उसने उस पूरे नग्न नारी देह का भोग किया था जो...

बाप गहरे सन्नाटे में था, ऐसे गहरे सन्नाटे में, जहाँ इस तरह की समीक्षाएँ भी अनावश्यक मालूम होने लगती हैं कि...वो अभी तक स्वस्थ हैं। यौवन अभी भी उसमें शेष है...अभी तक उसमें पतझड़ नहीं आया...पत्नी की तरह...वो किसी ठंडे-सूखे कुएँ में परिणत नहीं हुआ। जाँघों पर हाथ फिराते हुए शरीर में उत्पन्न रक्तचाप की तमाम क्रियाओं पर उसकी दृष्टि रहती है। एक गर्म शरीर। शायद उसके युवा बेटे से भी अधिक गर्म।

पत्नी ने बरसों पहले जैसे यहाँ, सुख के इस 'मरकज़' पर एक दीवार उठा दी थी। वो केवल एक 'महान ढांचा' भर रह गई थी। परिवार को समर्पित। उसके पास सबसे अधिक बातें थीं—पिंकी के बारे में। पिंकी के लिए अच्छा-सा वर ढूँढने के,

सपने के बारे में। शायद पत्नी के पास भविष्य के नाम पर कुछ और भी बूढ़े सपने रहे हों, मगर..

उस दिन पिंकी शॉवर से निकली थी। नहा कर। शायद बाप किसी ऐसे ही बहुत कमज़ोर लम्हे, समय से पूर्व अपनी बेटी के विवाह का निर्णय ले लेता है। बाप ने नज़र नीची कर ली थी। पिंकी की देह से मिसाइलें फूट रही थी। उसने शलवार और ढीले गले का जम्पर पहन रखा था। वह सिर झुकाये टॉवेल से बाल सुखा रही थी। पहली ही दृष्टि में उसने नज़र झुका ली थी। आह! किसी भी बाप के लिए ऐसे लम्हे कितनी चुनौतीपूर्ण और खतरनाक होते हैं...

तो क्या उस अनचाहे सपने के लिए यही दृश्य ज़िम्मेदार था। या...उसके भीतर की दमित इच्छा ने अब उसे किसी क्रूर शासक में बदल दिया था...

'खाली दिमाग शैतान का घर' बाप स्वयं को अधिक-से-अधिक व्यस्त रखना चाहता था। गुज़रे बहुत सारे खूबसूरत लम्हों या बिछुड़ी हुई उस रूमानी दुनिया में बाप एक बार फिर अपनी वापसी चाहता था। अपनी हदों को पहचानने के बावजूद ...शायद इसीलिए लड़की की ओर से मिलने वाली लगातार 'दावतों' को ठुकराने के बाद...उस दिन, उसने पहली बार स्वीकृति दी थी...

'चलो। कहीं बाहर चाय पीने चलते हैं।'

(5)

बेटा कुछ देर तक खामोश रहा।

लड़की के लिए उत्सुकता का विषय दूसरा था। उसने पूछा—'तुम्हें पहली बार में कैसा लगा, अपने बाप को देखकर' वो थोड़ा मुस्कराई थी। 'इश्क फरमाते हुए देखकर?'

बाप हमें देख लेते तो, कैसा लगता उन्हें।

लड़की को ये उत्तर कुछ ज़्यादा रास नहीं आया।

लड़का कुछ और सोच रहा था—'अच्छा मान लो, वो बाप की गलफ्रेंड नहीं हो। वो बस बाप के दफ्तर में काम करने वाली एक महिला हो।'

महिला नहीं—एक कमसिन, जवान और खूबसूरत लड़की, जैसी मैं हूँ। लड़की हँसी। 'मेरी उम्र की...?

मान लो—क्या इस उम्र की लड़कियाँ दफ्तरों में काम नहीं करतीं...

'करती क्यों नहीं है। बाप जैसे लोग इनके साथ चाय पीने भी आते होंगे, मगर वो...मेरा दावा है, जिस तरह तुम्हारे पापा ने...उसके हाथ पर अपना हाथ रखा था। मेरा विश्वास है, वो तुम्हारे पापा की गर्लफ्रेंड ही होगी।'

'अच्छा बताओ, मुझे कैसा लगना चाहिए?'

'मुझे नहीं पता...'

'अच्छा बताओ। यदि वो तुम्हारे पापा होते तो...?'

लड़की ने उसकी आँखों में झाँका—मेरे पापा-मम्मी में डायवोर्स हो चुका है। मैं मम्मी के साथ रहती हूँ। इसलिए कि पापा के जीवन में कोई और आ गया था। हो सकता है, वो उसके साथ ऐसे ही घूमते हों जैसे...

'इस घटना के बाद तुम्हारी मम्मी ने किसी को नहीं चाहा?'

'नहीं। लेकिन ये मम्मी की गलती थी। मेरी मम्मी जैसी हर मम्मी की, जो ये सोचती हैं कि जवान होती लड़की की मौजूदगी में किसी को चाहना गुनाह है। कभी-कभी मुझे मम्मी पर गुस्सा आता है। सिर्फ मेरे लिए एक पूरा जीवन उन्हें किसी देवदासी की तरह गुज़ारने की क्या ज़रूरत थी। मेरे लिए, मेरे साथ रह रहे एक जीवन का अन्त इस तरह हो जाये, ये मुझे गवारा नहीं था...'

'अगर मान लो, तुम्हारी मम्मी का कोई रोमांस शुरू हो जाता तो...?'

'मैं तो चाहती भी थी। एक सुदेश अंकल थे...मम्मी का ख़्याल रखते थे, मगर मम्मी ने कठोर शब्दों में उन्हें आने से मना कर दिया...'

'क्या तुम्हें यक़ीन है कि मम्मी के अंदर तुम्हारी तरह एक जवान औरत भी होगी?'

'मुझे विश्वास है कि मम्मी सुदेश अंकल को भूली नहीं होंगी। और ये कि. ..उनके भीतर कोई भूख ज़रूर दबी होगी। मैं जानती हूँ। मम्मी इस भूख को लिए ही मर जायेंगी।'

बेटे की आँखों में उलझन के भाव थे—'तो क्या बाप भी इसी तरह बरसों से अपनी भूख दबाये होंगे?'

'तुम्हारी मम्मी कैसी है?'

'हमारे लिए—हाँ। पापा के लिए नहीं...अब लगता है। मम्मी इस उम्र में सिर्फ हमारे लिए रह गई हैं। वो पापा के लिए कहीं नहीं है।'

लड़की ने कुछ सोचते हुए कहा—'पापा के जीवन में 'कई' आ जायें तो भयानक बात नहीं। ऐसे बहुत से पुरुष हमारे समाज में हैं। सच्चाई यह है कि बहुत सी घरवालियाँ भी ये सब जानते हुए चुप लगा जाती हैं। इससे घर भी नहीं टूटता। बाप के जीवन में सिर्फ कोई दूसरा आ जाये। तब ख़तरे की बात है। इस दूसरे के आने से घर टूट भी सकता है। जैसा, मेरे बाप के साथ हुआ।'

'पता नहीं। बाप क्या करेंगे...' लड़के को चिन्ता थी—'लेकिन एक बात कहूँ। ये दुहराव का युग है दोहरेपन का।'

लड़की हँसी—'सीधे कहो तो दोग़ला बनकर ही जी सकते हो तुम। आराम से। जीवन में बैलेंस के लिए इस दुहराव की भूमिका ज़रूरी है। यानी आप एक समय में दो जगह हो सकते हैं। अलग-अलग अपनी जिम्मेदारियों का निर्वाह करते हुए।

सीधे-सीधे कहूँ तो, यदि आप पत्नी हैं तो आपको भूलना होगा कि घर से बाहर आपका पति क्या करता है। और यदि पति हैं तो भूल जाइये कि बाकी समय आपकी पत्नी क्या करती है। इस बाज़ारवाद में यदि नैतिक मूल्यों या सिद्धांत की बात करेंगे तो घाटा आपका ही होगा।'

लड़का बोला—'शायद! इतना कुछ स्वीकार करना सबके लिए आसान नहीं हो...'

'तुम्हारे बाप के जीवन में एक लड़की आ चुकी है। ऐसा स्वीकार करते हुए तुम्हें कैसा लगेगा?'

लड़के ने बहुत सोचने के बाद कहा।

शायद...अभी इस मेज़ पर बैठकर मैं इसका उत्तर सही तौर पर नहीं दे पाऊँगा।

(6)

बाप के लिए यह एक अद्भुत समझौता था। यानी उस सपने से इस लड़की तक का सफर। लड़की का सानिध्य पाकर जैसे उसका पूरा शरीर गुनगुना उठा था। नहीं, इससे भी ज़्यादा। बाप का शरीर जैसे अनायास वायलन में बदल गया हो और वायलन के तार झनझनाकर मस्ती भरी धुनें पैदा कर रहे हों।

लड़की कम उम्र थी। बाप ने पूछा—

'तुमने अपनी उम्र देखी है?'

'हाँ'—लड़की ढिठाई से मुस्कराई—'और तुमने?'

'हाँ।'

'क्या पाया?

तुम्हारी जैसी उम्र को मेरी ही उम्र की ज़रूरत है।'

'और तुम्हारी उम्र को...' बाप इस फ़लसफ़े पर हैरान था।

लड़की मंत्रमुग्ध थी—'नए लड़के अनगढ़ होते हैं। मूर्ति की तराश-ख़राश से वाकिफ नहीं होते। इस उम्र को किसी तजुर्बाकार मर्द को ही सौपना चाहिए। जैसे तुम! लड़की हँसी थी।'

घर आकर भी बाप को लड़की की हँसी याद रही। बाप को याद नहीं रहा, लेकिन उस दिन लड़की के मात्र हाथों के स्पर्श और गंध ने, घर में तरह-तरह से उसकी उपस्थिति दर्ज कराई थी। जैसे डायनिंग टेबुल पर खाना खाते हुए अनायास ही उसके हाथ 'तबला' बन गये थे। जैसे बाथरूम में वो यूँ ही गुनगुनाने लगा था। जैसे...और भी बहुत कुछ हुआ था। मगर शायद अब वो याद करने की स्थिति में नहीं था...क्योंकि अब उस स्पर्श या गंध से गुज़रते हुए वो सारी रात अपनी अग्नि-परीक्षा देने पर मजबूर रहा।

पता नहीं। पत्नी को इस बदलाव पर हैरान होना चाहिए था या नहीं? मगर

पत्नी डर चुकी थी। ये सोचते हुए कि, उसका पति किसी जोरदार मानसिक उलझन में गिरफ्तार है। वह अपने पिता के घर से लाये हुए संस्कार को निभाने या पत्नी-धर्म निभाने पर मजबूर थी और वो बार-बार पति के आगे-पीछे घूम कर कुछ ऐसी हास्यप्रद स्थितियाँ पैदा कर रही थी—जैसे किसी छोटे बच्चे पर पागलपन का दौरा पड़ा हो...और माँ अपनी समस्त ममता बच्चे पर उड़ेल देना चाहती हो। पति के बदलाव पर उसका ज़हन कहीं और जाने की स्थिति में नहीं था।

'पिंकी के लिए परेशान हो?'

बाप की मुट्ठियाँ सख़्ती से भिंच गई।

अभी-अभी तो एक डरावने-सपने की शोक यात्रा से वो वापस लौटा था।

'मत सोचो ज़्यादा।'

'नहीं। ऐसी कोई बात नहीं है।'

'कर्ज चढ़ गया है?'

'नहीं'

'नौकरी...पर कोई...'

'कोई खतरा नहीं है।' बाप का लहजा ज़रा सा उखड़ा था।

'लाओ सर में तेल डाल दूँ।'

बाप ने घूर कर देखा। पत्नी के चेहरे पर झुरियाँ कुछ ज़्यादा फैल गई थीं। सिर पर तेल भी चुपड़ा हुआ था। तेल डालने से पत्नी के सिर के बाल और भी कम लग रहे थे।

बाप ने घूर कर देखा—'नहीं, कोई ज़रूरत नहीं है। इस वक्त मुझे अकेला छोड़ दो।'

दूसरे दिन भी माँ परेशान रही।

बेटे ने माँ को देखकर चुटकी ली—'तुमने कुछ महसूस किया?'

नहीं।

'तुम महसूस कर भी नहीं सकती हो?'

'क्यों?' माँ के लहजे में हैरानी थी।

'क्योंकि तुम्हारी तुलना में बाप अब भी जवान है।'

माँ को भ्रम में छोड़कर बेटा आगे बढ़ गया था।

उसी दिन शाम के समय बेटे ने अपनी प्रेमिका से इस घटना की चर्चा की।

'सब कुछ पूर्वानुमान चल रहा है।'

'कैसा लग रहा है तुम्हें?'

'कह नहीं सकता, मगर लगता है।'

आकर्षण के लिए हर उम्र एक जैसी है...

'या हर उम्र का आकर्षण एक समान होता है...'

'शायद...मगर शायद मैं इतनी दुविधा में नहीं होता। बाप की उम्र में पहुँचकर।'

'हर उम्र एक जैसी होती है। घटनाएँ बदलती रहती हैं। बदलती सिर्फ घटनाएँ हैं...' लड़की बोली–'खैर, उस दिन मैंने तुमसे पूछा था...तुम्हारे बाप के जीवन में एक लड़की आ चुकी है, ये स्वीकार करते हुए तुम्हें कैसा लगेगा?'

'अभी तक कुछ सोच पाने की स्थिति में नहीं हूँ।'

लड़की फिर ढिठाई से हँस दी–'और शायद आगे भी नहीं हो। इसलिए कि बाप पर विचार करते हुए तुम सिर्फ बाप पर विचार नहीं कर रहे हो। बल्कि बाप के साथ अपने, पिंकी, माँ और परिस्थिति पर भी विचार कर रहे हो। इन सबको हटाकर सिर्फ बाप के बारे में सोचो।'

'लेकिन ऐसा कैसे संभव है...?'

लड़की ने पता नहीं किस सोच के तहत कहा–'इसे सम्भव बनाओ। वरना एक बार फिर ये दुनिया जुड़ने की बजाय टूट जायेगी।'

(7)

बाप को कोई फैसला नहीं लेना था। बल्कि अंदर बैठे बोझल आदमी को ज़रा सा खुश करना था। 'किसी का ज़रा सा साथ'। और बदले में बहुत सी खुशियाँ या बेरंग हुए कागज़ पर नक्काशी करनी थी। एक कामयाब आदमी के अन्दर छिपे नाकाम और डरपोक आदमी को ठंडी और खुशगवार हवा के झोंके की तलाश थी। और ये ऐसी बेईमानी भी नहीं थी। इसमें कोई छल-फरेब भी नहीं था। रेगिस्तान की तपती ज़मीन पर जैसे किसी अमृत-बूंद की तलाश। शायद इसी अतृप्त काम-वासना ने उस 'क्रूर सपने' को जन्म दिया था। बाप इस नये संसर्ग को सफलता की कुँजी भी मान सकता था। अपने आगे फैले जीवन के लिए–कि तृप्ति में ही सफलता छिपी है। तृप्ति उसे मानसिक तौर पर अस्वस्थ नहीं रहने देती। वो स्वस्थ मन से पिंकी का विवाह करता। पत्नी से दो-चार अच्छी-बुरी बातें, बेटे के साथ थोड़ा हँसी-मज़ाक और ज़िन्दगी आराम से गुज़रने वाला 'ज़ीना' (सीढ़ियाँ) पहचान लती।

मगर, बाप की अग्नि-परीक्षा भी यहीं से आरम्भ हुई थी। वो भयानक यातना से गुज़र रहा था। उस मात्र एक स्पर्श या गंध से वो स्वयं अपनी नज़रों में कितनी ही बार नंगा होते-होते बचा था। उसकी उम्र का ब्यौरा। उसके संस्कार। उसका खानदानीपन। बाप कई रातें नहीं सोया। इसके बाद बाप कई दिनों तक उस लड़की से नहीं मिला।

ज़ाहिर है, अग्नि-परीक्षा में बाप हार गया था। पूर्ण पराजय। बाप का जुर्म साबित हो चुका था। बाप को फिर से, घरवालों की नज़र में पहले जैसा बनना था।

बाप को इस 'अमानवीय व्यवहार' से बाहर निकलना था।

और बाप धीरे-धीरे बाहर निकलने भी लगा था। और कहना चाहिए...

(8)

'बाप नार्मल हो चुका है।'

बेटे ने इस कहानी का पटाक्षेप लिखते हुए कहा।

'क्या?' लड़की डर कर चौंक गई थी।

'हाँ, उसमें तवाज़ुन लौट आया है। वो बराबर-बराबर हँसता है यानी जितना हँसना चाहिए। वो बराबर-बराबर...यानी उतना ही मुस्कराता है, जितना मुस्कराना चाहिए और कभी-कभी किसी ज़रूरी बात पर उतना ही गम्भीर होता है, जितना...'

'यानी वह लड़की उसके जीवन से दूर जा चुकी है?'

'या उसे बाप ने दूर कर दिया?'

लड़की की आँखों में जैसे घनघोर अँधेरा छा गया हो। वो एक लम्हे को काँप गई थी। शायद एक क़तरा आँसू उसकी आँखों में लर्ज़ा था।

'क्या हुआ तुम्हें?'

'कुछ नहीं। माँ की याद आ गई।'

'अचानक—मगर क्यूँ...

लड़की ने विषय बदल दिया—'अब सोचती हूँ मेरी माँ पूर्ण क्यों नहीं हो सकी। मेरी माँ बदनसीब है।'

दादा और पोता

कुछ दिनों से बूढ़े और पोते में लड़ाई चल रही थी। बूढ़ा चिल्लाता रहता था और पोता उसकी हर बात नज़रअंदाज़ कर जाता था।

'सुनो, मेरे पास वक़्त नहीं है।'

'क्यों वक़्त नहीं है?'

'बस कह दिया न, वक़्त नहीं है।'

'एक हमारा भी जमाना था...'

बूढ़ा कहता-कहता ठहर जाता। भला जवान पोते को इतना सब कुछ सुनने के लिए वक़्त ही कहाँ था। बूढ़ा उस समय पैदा हुआ था जब लोगों के पास वक़्त ही वक़्त था और पोते ने उस समय आँखें खोलीं—जब दुनिया बेहद तेज़ी से बदलने लगी थी।

बूढ़े को पोते पर गर्व था और बेटे से उसी क़दर उक्ताहट महसूस होती थी। उसकी उम्मीद के विरुद्ध बेटा ज़रा-सा भी मौका पाते ही उसके आगे-पीछे घूमते हुए अपनी फ़रमांबरदारी साबित करने में जुट जाता।

'अब्बा, आपको चाय मिली?'

'मिल गई।'

'खाना हो गया?'

'हाँ।'

'कुछ चाहिए तो नहीं आपको?'

'नहीं।'

'तबीयत तो ठीक है न आपकी?'

'मेरी तबीयत बिल्कुल ठीक है। मैं बिल्कुल ठीक हूँ। तुम जाओ, अपना काम करो।'

बूढ़े को बेटे की बात से 'कूफ़त' महसूस होती, उसे लगता। बेटा दरम्यान की उड़ान में कहीं फँसा रह गया है और पोता, उसकी उड़ान का तो न कोई ओर है न छोर। बेटा एक सीमित ज़मीन में रह कर अपनी ज़िम्मेदारी अदा कर रहा है। पोते के सामने एक आसमान है—बेटा, अपनी, उसकी (यानी बूढ़े की) पीढ़ी और उन दो पीढ़ियों के दरम्यान कहीं उलझ कर रह गया है, और पोता, उसकी नज़रों में एक

शातिर परिंदा, जो ऐसी तमाम बंदिशों के पर कतरना जानता हो...बूढ़े को बेटे पर रहम आता था और पोते के लिए उसके अन्दर एक ख़ास तरह का जज्बा था, जो अब जोश मारने लगा।

बूढ़े को एहसास था, वह ग़लत समय में पैदा हुआ है। तब कितनी मामूली-मामूली चीज़ें उसके लिए खुशी बन जाया करती थीं। वह एक मुद्दत तक धूप, हवा, आंगन और आंगन के पेड़ को ही दुनिया समझता आया था—बाहर की सब चीज़ें एक लम्बी मुद्दत तक, यानी उसके काफ़ी बड़ा हो जाने के बाद तक जादूगर का बन्द डिब्बा ही रहीं, यानी जिसके बारे में वह सोच सकता था, खुश हो सकता था, चौंक सकता था और मचल सकता था—अम्मा, अब्बा, भाई-बहनों की फौज उसकी कुल कायनात बस इतनी थी...और क्या चाहिए।

बूढ़ा उसी दुनिया में गुम रहा कि उस समय के सारे बच्चे उसी दुनिया में गुम थे...वह उसी कायनात में ग़ोता खाता रहा कि उस समय के सारे बच्चे...

बूढ़े ने आईने में अपना चेहरा देखा। अब वहाँ एक पोख़ताकार मर्द था और दुनिया धीरे-धीरे बदलने लगी थी...

लेकिन शायद नहीं। ये बूढ़े का वहम था। दुनिया उसी तरह अपने केन्द्र बिन्दु पर टिकी हुई थी, और जैसे पहले थी...जैसे बूढ़े के बाप के समय में थी।

तो बूढ़ा उन बहुत सारे लोगों में से एक था जो बहुत छोटी-छोटी चीजों पर खुश हो जाया करते हैं। फिर उसने यही छोटी-छोटी खुशियाँ विरसे में अपने बेटे के हवाले कर दीं। बेटे के ज़माने में समय केवल इस क़दर बदला था कि ज़मीन ज़्यादा पथरीली हो गई थी। बूढ़े बाप की तरह उसे सब कुछ आसानी से नहीं मिल गया। उसे बाप से भी ज़्यादा मशक़्क़त करनी पड़ी। कुछ ज़्यादा जद्दोजहद करनी पड़ी। तब उसके छोटे से शहर में थोड़ी-थोड़ी तब्दीलियाँ आने लगी थीं। ख़ानदान के बढ़ने पर बटवारा और घर का छोटा होना लाज़मी था। यही वे छोटी-छोटी बातें थी जिसे बूढ़ा दुनिया के एकदम बदल जाने के तौर पर देख रहा था। लेकिन दरअसल दुनिया तब बदली थी...जब...

बेटा अपनी आधी ज़िन्दगी की नाव देख चुका था। बूढ़ा अब अकेला था। बीवी गुज़र चुकी थी। बेटे को मशक़्क़त और जद्दोजहद के बदले में एक अच्छी ज़िन्दगी मिली थी। मगर नया शहर मिला था—नये शहर में कालोनियाँ थीं। उनमें कहीं एक घर, बेटे का भी था।

उस घर में आंगन नहीं था।

उस घर में पेड़ नहीं थे।

उस घर में धूप कम-कम आती थी। हवा का गुज़रना भी कम-कम होता था।

पोते ने इसी घर में आँख खेली थी। आंगन, पेड़, हवा, धूप न होते हुए भी पोते ने ज़बरदस्त हाथ-पाँव निकाले थे।

पोते का हर दिन ऐसा था जो उसके बेटे की ज़िन्दगी में नहीं आया था।

जो बूढ़े की ज़िन्दगी में नहीं आया था।

पोता बेख़ौफ कुछ भी कर सकता था। और शायद इसलिए, उसे देखता-पढ़ता हुआ बूढ़ा क़दम-क़दम पर उससे कुढ़ता रहता था।

(2)

और हक़ीक़त है, पोते ने जब आँखें खोलीं, उस वक़्त दुनिया बेहद तेज़ी से बदलने लगी थी।

पोते ने बेहद छोटी नाजुक उम्र में ही अपने 'पर' निकाल लिए। एक दिन पढ़ते-पढ़ते वह तेज़ी से दरवाज़ा खोलकर बाहर निकला।

'कहाँ जा रहे हो?' बूढ़े ने पूछा।

'खेलने जा रहा हूँ।'

बूढ़े ने बेटे से कहा—'उसे रोको, वह खेलने जा रहा है।'

बेटे ने आँखें फेरते हुए कहा—'वह नहीं मानेगा। वह अपनी मर्ज़ी का मालिक है। आप देखते नहीं।'

'हाँ, मैं सब देख रहा हूँ।'

बूढ़े नें गहरी साँस भर कर खुले दरवाज़े को देखा—पोता नज़र से ओझल हो चुका था।

बेहद नन्हीं, कच्ची-सी उम्र में। और उस कालोनी में ये पोते का पहला दिन था। जब नर्सरी में पढ़ते हुए उसने अपनी आज़ादी का ऐलान किया था। उस दिन बूढ़ा देर तक सोचता रहा। बचपन में ऐसी आज़ादी उसके हिस्से में क्यों नहीं आई?

वह पहला दिन था। जब बूढ़े ने पोते से जलन महसूस की थी।

पोता थोड़ी देर बाद खेल कर वापस आया तो बूढ़ा दरवाज़े पर उसका रास्ता रोक कर खड़ा हो गया।

उसकी आँखों में सवालात थे—'तुम्हारे पास क्या है जो मेरे पास नहीं है।'

'हटो, जाने दो।'

'नहीं पहले बताओ, तुम्हारे पास क्या है जो मेरे पास...'

पोते ने फिर दोहराया—'नहीं जाने दोगे?'

'नहीं'

'ठेंगा'—पोता मस्त हवा के झोंकों की तरह दोबारा भाग खड़ा हुआ था। बूढ़ा देखता रह गया। शायद फ़रार के इतने रास्ते, बग़ावत का ये ढंग, जो पोते में था, बूढ़े में नहीं आया था। वो देर तक दो क़दम आगे बढ़ कर पोते को सीढ़ियों से नीचे उतर कर दूर तक सरपट भागते हुए देखता रहा।

ये सिलसिला लम्बा होता रहा।

एहतेजाज और बग़ावत की चौड़ी सड़क पर पोते के क़दम भागते रहे। बूढ़ा हर बार खुद को पता लगाने में व्यस्त रहा।

'उसमें ऐसा क्या है, जो मेरे पास नहीं है।' और कहना चाहिए, बार-बार उठने वाले इसी एक सवाल ने उसे पोते के बहुत निकट कर दिया था। और पोता भी इसी दुश्मनी, रक़ाबत के पर्दे में बूढ़े को 'कुछ' भी बताते हुए या पूछते हुए घबराता या शर्माता नहीं था—जैसे पोता पूछता—

'तुम अपने समय में ऐसे नहीं थे?'

'नहीं।'

'तुम अपने समय में इस तरह, जैसा कि मैं करता हूँ...कुछ भी...?'

'नहीं।'

'फिर तुम करते क्या थे?'

'हम चुप रहते थे। बड़ों के सामने बोलना मना था।'

'और?'

'पैदा होते ही हमें एक टाईम वाच दे दी जाती थी। इस वक़्त उठना है। फ़लां वक़्त में ये काम अंजाम देना है।'

'और लड़की?'

पोता हँसता है।

बूढ़ा आँखें तरेरता है—'हमें छत पर भी जाना मना था। तुम्हारा बाप भी छत पर नहीं जा सकता था। लड़की का नाम लेना तो बहुत दूर की चीज़ है।'

'तुम लोग कायर थे!'—इस बार पोते को गुस्सा आता है।

दादा जवाबी कार्रवाई के तौर पर गुफ़्तगू के हर नए 'मोड़' को बेटे के साथ बाँटा करता।

'वह उड़ रहा है।'

'ये उम्र उसके उड़ने की ही है।'—बेटा अपने काम में व्यस्त रहता।

'वह हँस रहा है।'

'वह हँस सकता है...ये उम्र ही...'

'नहीं। वह ऐसे नहीं हँस रहा है, जैसे हम लोग...'

बूढ़ा कहते-कहते गुस्सा होता है—'वह उड़ रहा है, वह बड़ा हो रहा है...वह फैल रहा है...'

बेटा हर बार अपनी व्यस्तता में आँखें झुकाये वैसे ही जवाब देता—'वह ऐसा कर सकता है।'

ज़ाहिर है। ऐसे मौके पर बूढ़े को अपने गुस्से को छुपा पाना नामुकिन हो जाता, और हर मौक़े पर गुस्सा करने वाला बूढ़ा खुद से दरयाफ़्त करता—

'आख़िर उसमें ऐसा क्या है, जो उसके पास नहीं है?'

(3)

बूढ़े के देखते ही देखते पोते में जवानी के पर निकल आये, तेज़ी से बदलती हुई फास्ट फूड की इस दुनिया में अब वह एक आज़ाद मर्द जवान की हैसियत से था। और ये सब, कि उसमें कैसे-कैसे और कितने 'पर' निकले, या ये कि खाली वक़्त में वह क्या-क्या करता रहा है। इन बातों के लिए बेटे के पास समय नहीं था। मगर बूढ़े की गिद्ध निगाहें हरदम उसके आगे-पीछे घूमती रहती थीं। और सच्चाई ये है कि केवल घूमती ही नहीं रहती थीं बल्कि क़दम-क़दम पर चौंकती और परेशान भी होती रहती थीं...

मिसाल के तौर पर कि, वह...बहुत ज़्यादा दौड़ रहा है, उड़ रहा है...

मिसाल के तौर पर कि वह...नयेपन की तलाश में, चाहे वह नयापन कैसा भी हो, बिना डर और झिझक के जुनून में गिरफ़्तार हो रहा है।

जैसे ये कि...अब उसे देख पाना, हाँ देख पाना...रोज़-ब-रोज़ एक मुश्किल काम हुआ जा रहा है...

बूढ़ा हिम्मत जुटा कर अपने व्यस्त बेटे के पास आता...

'उसने ऊल जलूल कपड़े पहने हैं...'

'उसके दोस्त भी पहनते होंगे।'—बेटे की निगाहें अपने काम में व्यस्त होतीं।

'उसके कानों में छल्ले हैं...'

'नया फ़ैशन होगा।'

'वह रातों को देर से आता है।'

'क्लब और दोस्तों में देर हो जाती होगी।'

'वह...'

बेटे के पास हर बात का जवाब मौजूद था—लेकिन 'वियर यौर ऐटिटयूड' वाला लहजा बूढ़े को हजम नहीं होता था और पोते के 'वी आर लाइक दीस ओनली' यानी हम तो ऐसे ही हैं, जैसे रिमार्क पर उसका तुनुक चिढ़चिड़ापन और भी बढ़ जाता था।

पोता जोशीला था, तेज़तर्रार था। निगाहें मिलाकर बात करता था। वह हर क्षण खुद को नये ऐटिट्यूड में ढाल रहा था। रंगबिरंगे बाल, कानों में छल्ले, फटी हुई जीन्स, कभी-कभी तेज़-तेज़ आवाज़ में गाने लगता—बूढ़े की हर बात का पोते के पास एक ही जवाब था।

'हम अपनी मर्ज़ी के मालिक हैं।'

'चाहे तुम जितनी ही तेज़ आवाज़ में नाचो गाओ।'

'हाँ।'

'किसी की मौजूदगी का ख़याल भी न करो।'

'हाँ।'

'किसी के मरने जीने का।'

'हाँ।'

'किसी के दुख-परेशानी का।'

'हाँ, हम केवल अपने बारे में सोचते हैं—इसलिए कि वी आर लाइक दीस औनली...'

'हम अपने ज़माने में'—बूढ़े का लहजा खोखला था।

'तुम लोग आख़िर इतने दब्बू क्यों थे? इसलिए कि तुम लोग डर-डर कर जी रहे थे...'

ये एक भयानक सच्चाई थी या ये कि एक ऐसा दरिया था, जिसे पार करते हुए बूढ़े ने हमेशा ही डर महसूस किया था। बूढ़े को अपना ज़माना मालूम था। बूढ़े की ग़लती ये थी कि उसके बेटे को भी यही ज़माना विरासत में मिला—बूढ़ा अपने ज़माने में किसी लड़की से बात करते हुए भी घबराता था। फ़र्क इतना था कि बेटे की ज़िन्दगी में एक लड़की आई थी—लेकिन एक ख़ामोश प्रेम कहानी शुरू होने से पहले ही भयानक तूफ़ान में बिखर गई—बूढ़े को सब कुछ याद था। वह पागलों की तरह अपने खानदान की इज़्ज़त को बचाने के लिए सारी-सारी रात कमरे में टहलता रहा था। ऐसा तो उसकी सात पुश्तों में से किसी ने नहीं किया—सुबह का धुंधलका होने से पहले ही बेटे को नींद से जगाकर उसने अपना फ़ैसला सुना दिया।

'ऐसा करना मेरे लिए मुमकिन नहीं है। तुम चाहो तो बग़ावत कर सकते हो।'

बेटे का चेहरा एक क्षण को काँपा, फिर झुक गया।

बूढ़े को यक़ीन-सा है—कि इस मौके पर, बग़ावत के समाप्त होने के ऐलान पर उसके होंठों पर एक हल्की-सी मुस्कान ज़रूर फैली थी—फिर बेटे ने वही कुछ किया, जो कुछ उस बूढ़े ने चाहा...या जैसा कि उसके पहले वाली नस्ल के लोग करते आये थे...

(4)

लेकिन पोता, अपनी इस दुनिया में कितना खुश था...ये वही बता सकता था। वह एक ऐसे सफल आदमी का बेटा था, जिनके पास बेकार की बातों के लिए वक़्त नहीं रहता। पोते के पास अपनी एक गाड़ी थी। जिसमें वह अपनी दोस्त लड़कियों के साथ साथ सैर-सपाटा कर सकता था। एक प्लास्टिक कार्ड या क्रेडिट कार्ड था, एक मोबाइल, जिसमें ज़्यादातर उसकी दोस्त लड़कियों के फ़ोन आया करते थे। वह उल्टी बेसवाल टोपी पहनता था। ढीली-ढाली बॉक्सर शर्ट उसकी पहली पसन्द थी। वह फ़ास्ट-फूड का शैदाई था और रेडीमेड रोमांस में ही उसकी दिलचस्पी थी। यानी

कुछ दिन हँसे, बोले फिर कपड़े बदल दिये। जिस दिन पोते ने पहली बार अपने नंगे बदन पर गोदने गोदाये थे, उस दिन बूढ़ा बुरी तरह उछला था।

'ये सब क्या है?'

'आप देख रहे हैं। ये साँप है...ये मछली है...ये सीढ़ियाँ हैं...'

'लेकिन ये सब क्यों हैं?'

'क्योंकि हमें यही अच्छा लगता है।'

'लेकिन इसके बाद?'

'सोचा नहीं है।'

बूढ़ा एकबार फिर अपने व्यस्त बेटे के पास था–'उसे रोको।'

बेटा ख़ामोश रहा।

'उसे समझाने की कोशिश करो।'

बेटे ने इस बार भी अपनी नज़रें झुकाये रखीं...

बूढ़े के चेहरे पर तनाव था।

'मैं तुम्हारा बाप हूँ। तुमसे एक नस्ल बड़ा। फिर मत कहना कि मुझे ख़बर न हुई। उसने आज़ादी चाही उसे आज़ादी मिली–वह आज़ादियाँ जो मुझे और तुम्हें नहीं मिली थीं। तुम उसे रोकते, वह तब भी नहीं रुकता, तुम उसे बंदिशों में जकड़ने की कोशिश करते, तो वह ये ज़ंज़ीरें तोड़ देता, क्योंकि वह तुम्हारी तरह बुज़दिल नहीं है। एक मामूली मोहब्बत के लिए भी बगावत नहीं करने वाला। सुन रहे हो न।'

बेटा वैसे ही सर झुकाये फाइलों में व्यस्त रहा।

बूढ़े ने कहना जारी रखा–'उसने सब से पहले हदें तोड़ीं। समझ रहे हो न, हदें–वह घर से बाहर रहा–सारी-सारी रातें बाहर–शराब, जुए और लड़कियों में–लेकिन ये सब वह बातें थीं जो बहुत आउटडेटेड थीं–यानी जिन के बारे में ज़्यादा बातें करना, तुम्हारे जैसे लोगों के लिए वक़्त की बर्बादी है। उसने अपनी उड़ान जारी रखी–बाल मुंडवाये, गोदने गोदवाये, उल्टी टोपी पहनी और ज़माने भर से उल्टा हो गया–तुम समझ रहे हो मैं क्या कह रहा हूँ।'

बेटा वैसे ही व्यस्त रहा। जैसे बूढ़े की बातें उसकी समझ में न आ रही हों।

'मैंने समझा है उन्हें, तुमसे ज़्यादा। इसलिए कि पल-पल मैं तुमसे ज़्यादा उनके क़रीब रहा हूँ। सुनो, ध्यान से सुनो–ये बहुत तेज़तर्रार हैं। ग़ज़ब के, उड़ान वाले। उन्हें जीवन और समय पर भरोसा नहीं है। ये सब कुछ समय से पहले कर लेना चाहते हैं। हम और तुम थोड़ा-थोड़ा करके सफ़र आगे बढ़ाते थे। इसलिए उम्र का एक बड़ा हिस्सा ढ़ल जाने के बाद भी हमारे पास बहुत कुछ रह जाता था। मगर उनके पास–'

बूढ़े का लहजा डरावना था—'जब ये? सब कुछ कर लेगे, तो—इस छोटी-सी उम्र में ही, तो बाक़ी उम्र का क्या करेंगे ये'—बूढ़ा खांस रहा था—'ग़म इसी बात का है कि ये बाक़ी उम्र की परवाह नहीं करेंगे। मत सुनो तुम—जहन्नुम में जाओ।'

पोते के अंदर आने वाले ये वह बदलाव थे, जिसके बाद बूढ़े ने खुद से ये सवाल करना छोड़ दिया कि आख़िर उसमें (पोते) ऐसा क्या है जो उसके पास नहीं है—बूढ़े के पास अपने पोते की मानसिक सतह के लिए बस एक ही वाक्य था—यानी जोश की आख़िरी सतह—और उसके बाद?

बूढ़े को सोच-सोच कर ख़ौफ आता था। बूढ़े के अन्दर पोते के लिए अब मुख़ालिफ़त नहीं थी, बल्कि रहम का जज़्बा जाग उठा था। उसे रह-रह कर पोते पर अफ़सोस आता था।

उस दिन पोते के साथ एक नई लड़की थी—पोता लड़की के साथ कमरे में बन्द हो गया। बूढ़े की आँखों में एक पल को शोला-सा चमका। फिर पता नहीं क्या सोच कर ये शोला बुझ-सा गया।

लड़की के जाने के बाद वह पोते के पास आया।

'कौन थी ये लड़की?'

'नहीं मालूम।'

'तुम्हारे साथ पढ़ती है?'

'नहीं'

'दोस्त है?'

'शायद नहीं।'

'कन्फयूज्ड हो तुम। वरना इतनी छोटी-सी बात के लिए 'शायद' और 'नहीं' का सहारा नहीं लेते।'

'तुमने क्या समझा, कौन है ये?' पोते ने पलट कर पूछा।

'मैंने समझा, शायद तुम्हारी सपाट ज़िन्दगी में एक किरण चमकी है।'

'तुम बूढ़े हो गये हो।'

'नहीं। तुम पर तरस आता है।'

'मुझ पर तरस खाने की ज़रूरत नहीं।'

'ज़रूरत है।' बूढ़े को मज़ा मिल रहा था। 'इसलिए कि अगर वह लड़की वही होती, जैसा मैंने सोचा था...तो...'

'तो क्या?'

'अब समझता हूँ। तुम्हारे बाप के ज़माने में, मैं कितना ग़लत था, बहुत मुमकिन था। वह केवल एक पैसा कमाने वाली मशीन साबित नहीं होता। आदमी—एक मुतवाज़न आदमी होना—एक बहुत मुश्किल काम है और यक़ीनन

मोहब्बत ये कर सकती है।'

'मोहब्बत–शिट–' पोते के होंठों पर व्यंग्यात्मक हँसी थी।

'नहीं, तुम नहीं जानते कि अभी-अभी जो लड़की तुम्हारे कमरे से निकल कर गई है, तुम उसके नज़दीक क्या थे–सुनो, तुम लोगों ने मुझे इतना एडवांस तो बना ही दिया है कि मैं ये कह सकता हूँ–तुम उस लड़की के लिए केवल एक स्ट्रेपर थे। एक मेल स्ट्रेपर।'

बूढ़ा हँसा–'मुझ पर गुस्सा नहीं हो, अपने आप को समझो, वरना अन्दर का ये अन्धेरा तुम्हें तबाह कर देगा...'

फिर वह ठहरा नहीं, तेज़ी से बाहर निकल गया।

और इसके ठीक दो-एक रोज़ बाद ही रात के अन्धेरे में बूढ़े ने महसूस किया, पोते के कमरे से तेज़-तेज़ सिसकियों की आवाज़ें गूँज रही हों...

(5)

इस घटना के कुछ दिनों बाद–बूढ़ा एक बार फिर अपने व्यस्त बेटे के सामने खड़ा था।

'सुनो, वह चुप हो गया है।'

बेटा शान्त था।

'वह कुछ बोलता नहीं।'

बेटा बेअसर रहा।

'वह खोया-खोया रहने लगा है। वह रातों को रोता है। सारी-सारी रात जागता रहता है।'

बेटे ने ज़रा-सी निगह ऊपर उठाई–'आप ज़रा-सी बात को तूल दे रहे हैं। इसमें नया क्या है।'

'नया है। आह तुम अभी भी नहीं समझे।'–बूढ़ा हैरत से चिल्लाता–'वह सब कुछ कर गुज़रा है। अपनी इस छोटी-सी उम्र में, जो हम-तुम इतनी उम्र गुज़ार कर भी नहीं सोच सकते हैं।'

'ये नई नस्ल है। जेट रफ़्तार। ये ऐसी ही है'–बेटे की आवाज़ बोझल थी।

'नहीं।' बूढ़ा गुस्से से उछला–'इस नस्ल के पास से फैन्टेसी खत्म हो गई है और फैन्टेसी को पाने के लिए ये नस्ल कुछ भी कर सकती है।'

'मसलन?'

'किसी तरह की ग़लत कार्रवाई कर सकता है।'

'ये भी न हो, तो?'

'सुनो, ऐडवेंचर की आखिरी मंज़िलों में ये नस्ल कुछ भी कर गुज़र सकती है। किसी की जान भी ले सकती है। तुम्हारी भी...'

'और अगर ये दोनों मुमकिन नहीं हुआ तो...?'

'आख़िरी फैन्टेसी के तौर पर ये अपनी जान लेना चाहेगी। यानी आत्महत्या।'

बूढ़ा कमरे से निकल गया था।

बेटा पहली बार हैरान-सा अपनी जगह से उठ खड़ा हुआ था।

(6)

पोते के हाथों में चरमी बैग था, जिसमें उसने ज़रूरी कपड़े समान आदि रख लिए थे। जो आगे सफ़र में उसके काम आ सकते थे। उसने एक ढीला ढाला 'पैडल पुशर' पहन रखा था। फुल जीन्स की जगह एक आधी फटी हुई हाफ जीन्स थी। आँखों में ऐसी अनोखी चमक थी जिसे बूढ़ा और बेटा पहली बार देख रहे थे।

'तो तुमने इरादा कर लिया है?' बेटे का लहजा उदासी से भरा था।

'हाँ, ये हम तमाम दोस्तों का इरादा है।'

'तुम कितने लोग जा रहे हो?'

'हम पाँच-छः दोस्त हैं।'

'केवल लड़के?'

'नहीं, एक लड़की भी है।'

'वहाँ बर्फ़ के ग्लेशियर भी होंगे?' बाप के लहजे में थरथराहट थी।

'हमने ग्लेशियर को टूटते हुए कभी नहीं देखा।'

'ग्लेशियर की निचली सतह पर पानी जमा होता है। केवल कभी-कभी वहाँ अच्छे भले आदमियों की भी क़ब्र बन जाती है।' बूढ़े का लहजा पोते को सफ़र के इरादे से रोकने का था। पोते की आँखों में अजीब में अजीब-सी चमक थी।

'तुम लोग सबसे पहले कहाँ जाओगे?'—बाप के लिए ये जानना ज़रूरी था।

'ये एक 'इस्कीरिसार्ट है। हम बर्फ़ की किसी एक ऊँची चट्टान पर खड़े हो जायेगे। वहाँ, रस्सी का—एक सिरा मज़बूती से उन चट्टानों में बाँध देंगे। आप समझ रहे हैं?' पोता दिलचस्पी से अपने खेल के बारे में बता रहा था—'आईस हॉकी या स्कैटिंग जैसे खेलों से भी लोग उकता चुके हैं, रस्सी का दूसरा सिरा हम अपने बदन में बाँधेंगे...और ऊँचाई से बर्फ़ की आग़ोश में लेंगे। एक लम्बी अंधी छलांग...'

बूढ़े ने ख़ौफ से आँखें बन्द कर लीं। बेटे के बदन में थरथरी हुई।

'लेकिन इसमें तो ख़तरा है। इसमें तो बहुत से लोग मर भी जाते होंगे।'

'हाँ ऐसा बहुत होता है—पोते के होठों पर हँसी थी। उसने बहुत साधारण अन्दाज में अपना वाक्य पूरा किया—'मरना जीना तो लगा ही रहता है। लेकिन है ये एक दिलचस्प खेल। एक लाजवाब फैन्टेसी।'

बूढ़े ने बस इतना पूछा—'कब जाओगे?'

'कल! सुबह होने से पहले ही हम लोग निकल जायेंगे।'

'यानी एक दिन हमारे पास है'—बूढ़ा धीरे से बड़बड़ाया—'एक दिन बस एक दिन। फिर—अँधी छलांग, मौत की छलांग, पोता अगर वापस नहीं लौटता है तो...!'—बूढ़े ने अपने आप से पूछा।

'उसके (बूढ़े) पास ऐसा क्या है जो पोते के पास नहीं था?'

(7)

रात हुई। बूढ़ा चुपचाप चलता हुआ पोते के कमरे में आया।

'चलो, कॉलोनी की छत पर चलते हैं।'

'क्यों?'

'वहीं सोयेंगे, बात करेंगे।'

'लेकिन बात यहाँ भी तो हो सकती है।'

'नहीं, वहाँ छत होगी। खुली-खुली छत, सर पर आसमान होगा। नीला आसमान। तुमने बरसों से आसमान देखा है?'

'नहीं।'

'मैंने भी नहीं देखा। ये सब शहर की हिजरत के रास्ता खो गये। नीला आसमान, सितारों की चादर, चमकता हुआ दूधिया चाँद, बहती हई तेज़ हवा और...'

'फौलडिंग ले चलूँ?'

'नहीं, चादर बिछा लेंगे।'

बूढ़े ने चादर बिछाई। बूढ़ा और पोता कॉलोनी की छत से कुछ देर तक शहर का नज़्ज़ारा करते रहे। यहाँ से शहर कैसा नज़र आता है। दूर तक चमकती हुई रौशनी की कतार—कॉलोनी के बन्द फ्लैट में ये चमक एकदम से दफ़न क्यों हो जाती है। पोते ने टोका—'यहाँ क्यों लाये?'

'तुम्हें। क्या लगा?'

'मुझे लगा उपदेश दोगे, रोकोगे, ज़िन्दगी, मौत और घर का वास्ता दोगे।'

'ऐसा करने से तुम क्या रुक जाते?'

'नहीं।'

'इसलिए तुमसे बातें करने के लिए, हम छत पर आये हैं क्योंकि ये बातें हम कमरे के अन्दर नहीं कर सकते थे।'

पोते को उलझन थी—'कौन-सी बातें?'

'कल तो तुम चले ही जाओगे, और एक वह तुम्हारा व्यस्त बाप है। किसी से, कुछ भी बात करने के लिए मेरे पास, बस आज की ही रात मिली है। तुम चले गये, तो फिर बातें करने के लिए मेरे पास कौन होगा?'

पोता लेट गया।

बूढ़े को कुछ याद आ रहा था। छत पर ठण्डी-ठण्डी हवा चल रही थी। बूढ़ा किसी सोच में गुम था। उसने धीरे-धीरे कुछ याद करना शुरू किया...

'...जब हम छोटे थे, तब दुनिया इस तरह नहीं फैली थी। तब हमारे पास समय ही समय था। देखने, महसूस करने और गुज़ारने के लिए समय ही समय—और सच तो यह है कि हम में से बहुतों को समय का प्रयोग करना भी नहीं आता था कि इतना सारा समय...आगे दूर तक फैली लम्बी उम्र की सीढ़ियाँ...इतना बड़ा ख़ानदान...इतने सारे रिश्तेदार...आते-जाते लोग, नसीहतें, डाँट-फटकार और बस बातें ही बातें...न बात समाप्त होती थी, न संवाद कम पड़ते थे...तब दिन भी लम्बे थे। रातें भी...महीने और साल तो बहुत लम्बे होते थे। यहाँ तक कि हर दिन गिनने के बाद भी समाप्त नहीं होते थे...'

पोते ने पहलू बदला।

'...एक अब्बा थे...ज़रा-ज़रा-सी बात पर डाँट देते थे। ज़रा-ज़रा सी बात पर गुस्सा होकर पीट देते थे। मैं रोता हुआ अम्मा के आंचल में छुप जाता था...कुछ देर बाद अब्बा मुझे न पाकर ढूंढ़ते हुए अम्मा के पास पहुँच जाते...कहीं देखा है अपने मुन्ने को...अम्मा की यही ग़लती थी। अम्मा के अन्दर कोई बात नहीं पचती थी। अम्मा हँस देती थी। अब्बा मुझे सीने से लिपटा-लिपटा कर प्यार करते। मार खाने के बदले मुझे टाफ़ियाँ इनाम में मिलतीं।'

पोते ने इस बार दादा पर निगाहें गाड़ दीं।

'एक दिन मैं खेल रहा था। गाँव, कस्बे और छोटे शहरों में उन दिनों खेल ही क्या थे...गिल्ली-डंडा, गिल्ली ज़ोर का झटका खाती मेरी आँखों के पास लगी थी। ढेर-सा खून निकला था...मुझे याद है उस रात...सारी रात, सारा घर मुझे घेर कर बैठा था। अब्बा को इतना घबराये हुए मैंने पहली बार देखा था...'

'चुप क्यों हो गये?'—ये पोते की आवाज़ थी।

'याद कर रहा हूँ, बूढ़े का लहजा भारी था।'

'उस समय के लोग कितने जज़्बाती थे—जज़्बाती...'—पोते के लहजे में आह थी।

'बहुत कुछ याद आ रहा है...और सुनाते हुए अच्छा भी लग रहा है। आज तुम्हें सब कुछ सुनाऊँगा...मगर...तुम्हें नींद आ गई तो...?'

'नहीं, तुम सुनाओ—नींद नहीं आयेगी।'

'अच्छा सुनो, कैसी-कैसी शरारतें याद आ रही हैं—पुराना घर—दुनिया—घर के लोग...मासूम शरारतें...पिटने की घटनाएँ...स्कूल के क़िस्से...अच्छा...पहले तुम बताओ...'

बूढ़े ने घूर कर पोते को देखा।

'ये सब क़िस्से जो मैंने तुमको सुनाये, किस दौर के हैं?'

'मतलब?'—पोता चौंक कर बोला।

'मैंने पूछा है ये सब क़िस्से मेरे किस ज़माने के हैं?'

पोते ने जल्दी से कहा—'बचपन के।'

दूसरी ही क्षण उसके होंठों पर एक उदास-सी मुस्कान थी—'मैंने बचपन नहीं देखा।'

बूढ़े ने चौंक कर पोते को देखा—जो मुसलसल एकटक आसमान को घूरे जा रहा था।

(8)

दूसरे दिन पोता चला गया।

उसके जाने के बाद बूढ़ा ख़ामोशी से चलता हुआ बेटे के पास आकर ठहर गया। बेटे का सर अभी भी झुका हुआ था।

'वह चला गया'—बूढ़े की आवाज़ भारी थी...'तुम उसे रोक सकते थे।'

'क्या वह रुक जाता?'

बूढ़ा अचानक चौंक पड़ा, उसे एक क्षण को बेटे पर तरस आया।

'वह रुक जाता? क्या तुम्हारे ज़ेहन में पहले कभी ये ख़याल आया था?'

'कह नहीं सकता...लेकिन क्या सारी गलती...?' बेटा कहते-कहते ठहर गया। उसने अजीब नज़र से बूढ़े को देखा।

बूढ़े के चेहरे पर एक खुशगवार खुशी थी।

'नहीं। ग़लती किसी की नहीं है। शायद वह तुम्हारे कहने से भी नहीं रुकता। इसीलिए कि बहुत देर हो चुकी थी।'

'देर हो चुकी थी?'—बेटा किसी लम्बे हिसाब-किताब के पुल से एक क्षण को गुज़र गया।

'हाँ, क्योंकि तुम देखने में तो ख़ामोश लग रहे थे, लेकिन तुम हर बार हमारे, पोते के और अपनी समीक्षा में व्यस्त थे। और वही तुम गलती कर रहे थे...जबकि हम आसानी से जीवन व्यतीत कर रहे थे।'

बेटे ने और ज़्यादा सर झुका लिया। ज़रा देर के बाद वह बोला—'क्या वह वापस आयेगा?'

'पता नहीं।'

बूढ़े के चेहरे पर गहरी ख़ामोशी थी। वह चुपके-से कमरे से निकल गया। लेकिन उसका दिमाग अभी भी पोते में उलझा हुआ था। जैसे अभी, इस समय वह क्या कर रहा होगा।

(9)

पोता अकेला नहीं था। उसके साथ पाँच-छः युवक भी थे। सर से पैर तक गर्म कपड़ों से ढके हुए। पाँव में 'इन फैलेश' के नये और ऐसे आधुनिक जूते थे जो आजकल के बच्चे इन्हें पर्यटन स्थल के लिए प्रयोग करते है। बर्फ़ पर चलने या बर्फ़ीली चट्टानों पर चढ़ने में इससे आसानी होती थी। इनमें पोता भी था। उनके चेहरों से जोश और इरादा टपकता था। आगे की मंज़िल कुछ भी हो सकती थी। बहुत मुमकिन है मौत की मंज़िल—मगर ये खौफ़ज़दा नहीं थे। उनमें से कोई भी मौत की बात नहीं कर रहा था। इसके बरख़िलाफ़ उनका चेहरा किसी ऐसे खिले फूल की तरह हो रहा था जो जाड़े के मौसम या बहार के आने या धूप की पहली किरन से अचानक खिल उठा हो।

पोते के चेहरे पर जंगली पौधे जैसी शादाबी थी—'वह क्षण कब आयेगा।'

क़ाफ़िले में मौजूद वह अकेली लड़की थी। "लड़की के होठों पर मुस्कुराहट थी। वह क्षण आ चुका है। वह देखो।"

बर्फ़ की ऊँची चोटियों से उन्होंने नीचे की तरफ़ झाँका। हजारों फ़िट नीचे की गहराई पर बर्फ़ानी नदी, मौजों की, अल्हड़ नाच की हैरानी में डूबी थी। दूर तक बर्फ़ से ढ़की हुई चोटियाँ अब पुरअसरार मालूम नहीं हो रही थीं। नौजवानों ने गिनना शुरू किया। जहाँ वे खड़े थे। उसके चारों तरफ पहाड़ों की अट्ठारह-बीस चोटियाँ होंगी। पोता और साथी इन सरकारी विज्ञापनों को भी नज़रअंदाज़ करते हुए आये थे, जो उनके कदमों को आगे के ख़तरों से रोकने के लिए लगाये गये थे।

उन्होंने अपने-अपने चर्मी बैग उतारे। कपड़ों का भारी-भरकम वज़न कम किया। बर्फ़ीली चट्टानों से गुज़रती ठण्डी हवाएँ सनसनाती हुई बदन से होकर गुज़र रही थीं। उन्होंने जूते उतारे—चर्मी बैग से हज़ारों फिट गहराई तक ले जाने वाली रस्सियाँ खोली गईं। उनके चेहरे ऐसे चमक रहे थे जैसे बर्फ़ानी पहाड़ियाँ धूप की किरण से जगमगा उठती हैं।

'हम यहाँ पहले क्यों नहीं आये?'

घास पर उगे हुए फूल हँस रहे थे। काईदार पहाड़ियों के किनारे लाल स्ट्राबैरी की झाड़ियाँ फैली हुई थीं। पहाड़ के उस पार से बर्फ़ीली हवाएँ पिघलते ग्लेशियर्स और पत्थरों से गुज़र कर नीचे बहती हुई नदी में पहुँच रही थीं। बर्फ़ ग्लेशियर में और ग्लेशियर पतली-पतली धारों में बदल रहे थे...

'अब बहुत देर हो रही है। मुझसे रहा नहीं जाता...' पोते के चेहरे पर एक सफ़्फ़ाक मुस्कुराहट थी।

'नीचे पहले कौन जायेगा?'

'पहले मैं।'

लड़की ने बेधड़क रस्सी का एक सिरा अपने कमर से बंधी हुई आयरन बेल्ट से जोड़ लिया था।

'नहीं, तुम नहीं'—दूसरे साथी ने लड़की का हाथ थाम लिया।

'क्यों?' लड़की के चेहरे पर नाराज़गी थी।

'बस, इस एडवेंचर पर सबसे पहला अख्तियार मेरा है।'

रस्सी का सिरा अब पोते के हाथ में था—'नहीं, तुम भी नहीं, क्योंकि ये आइडिया मेरा था। सबसे पहले तुम लोगों को ये आइडिया मैंने सुझाया था।'

एक बर्फीली लहर बदन को चीरती गुज़र गई। नीचे हज़ारों फिट खाई में पिघलते हुए ग्लेशियर नदी के पानी में घुल रहे थे।

लड़की का चेहरा बुझ गया था। अपनी-अपनी बारी के इन्तजार में सब शेख़ी भरी नज़रों से पोते को देख रहे थे, जिसने रस्सी का एक सिरा पहाड़ी के ईस्ट पोल में फँसा कर दूसरा सिरा अपने आयरन बेल्ट में फँसा लिया था। अब वह जादू भरी निगाहों से चमकते बर्फ़ीली चट्टानों और अपने दोस्तों का चेहरा पढ़ रहा था।

'अच्छा मान लो, तुम वापस नहीं आये तो?'—एक साथी ने मुस्कुरा कर पता किया।

'क्या वापस आना ज़रूरी है?'—पोते के लहजे में हँसी थी।

'नहीं।'—दोस्त शर्मिंदा थे।

'फिर हम कहाँ मिलेंगे?'

'क्या फिर मिलना ज़रूरी है?'—पोता इस बार ज़ोर से हँसा।

'नहीं।'

'लेकिन हम फिर भी मिलेंगे। अगर वापस नहीं आये तो...?'

'कहाँ?'

पोते ने इशारा किया—'वहाँ ग्लेशियर्स में...ठण्डी मौजों में...बहते पानी में... और चमकीली बर्फ़ में...'

पोते ने इस बार हँसने से पहले ही छलाँग लगा दी।

नीचे हज़ारों फिट खाई में ग्लेशियर अभी भी पिघल-पिघल कर नदी में घुल रहा था।

मर्द

(क)

मिसेज़ ग्रोवर और तान्या एक मंज़र देखती हैं।

'वे हँस रहे हैं, बतिया रहे है...'

नागवारी से कहा गया, 'होता है!'

'अब उन्होंने छुरियाँ संभाल ली हैं।'

इधर से एक कंपकंपा देने वाली उतेजना। जवाब के रूप में कहा गया 'और देखो।'

इधर से फिर एक विस्मित स्वर। 'उन्होंने डोगरे संभाल लिए हैं। उफ्फ। वे कितने अनगढ़, बातूनी और जल्दबाज़ है।'

'समीक्षा नहीं। सिर्फ देखो और बताओ!'

'उन्होंने छुरियाँ संभाल ली हैं। और अब वे अपने अनगढ़ हाथों से सब्जियाँ काट रहे हैं।'

'काटने दो' उत्तर में कहा गया, 'और हाँ, अब नीचे उतर आओ।'

सामने एक खिड़की खुलती थी।

विशालकाय इमारतों के बीच शहर या तो ढँक गया था। या फिर अंधेरे में लीन हो गया था। एक बड़ी इमारत, उससे सटी एक दूसरी बड़ी इमारत और उससे सटी एक तीसरी बड़ी इमारत और उससे सटी...

हवा कई-कई रोज़ तक इन गलियों, कूचो का चक्कर तक लगाना भूल जाती। लोगों को इस का भी अहसास नहीं था। कोई भी नहीं पूछता। न ही पूछने का इतना समय था, 'सुनो भाई, तुमने हवा को देखा है? क्या आज हवा ने इधर का रुख किया था?'

हँसिये मत, सच तो ये है कि इधर सिर्फ विशालकाय इमारतों का जंगल रह गया था। रहने वाले नज़र नहीं आते थे। रंग-बिरंगी घूमती, लहराती, डोलती गाड़ियाँ आती थीं जो कभी इन इमारतों में दाखि़ल होतीं। कभी बांहर निकलतीं बस।

और इसे सहज, इत्तेफाक ही कहा जायेगा कि 'मार्टिन क्रॉ' में निर्मित इन दो

विशालकाय इमारतों की पाँचवीं मंजिल की खिड़कियाँ एक-दूसरे के आमने-सामने खुलती थीं। एक में अक्सर मिसेज़ ग्रोवर, उस बूढ़ी खूसट नकचढ़ी लेडी और उसकी सोलह वर्षीय पौत्री तान्या को देखा जा सकता था। चारों ओर से बंद-बंद इस पाँचवें मंजिले के फ्लैट को बस ये सामने की ओर खुलने वाली खिड़की ही जीवन-धारा से जोड़ती थी, यानी एक ज़रा-सी हवा। एक ज़रा-सी सांस...

सामने वाले फ्लैट की खिड़की हमेशा बंद रहती थी।

मिसेज़ ग्रोवर तान्या से अक्सर पूछतीं, "देखकर बता, कोई आया?"

प्रश्न में हर समय एक गहरी उत्सुकता होती जैसे यदि ये शगल मिल गया, तो जीने के लिए बुझे-बुझे संवादों को शायद कुछ जगह और मिल जाये,

तान्या के उत्तर में हर बार एक मायूसी होती, "कोई संभावना नहीं।"

"क्यों?"

"ये फ्लैट किराये पर नहीं लगेगा?"

"क्यों नहीं लगेगा उल्लू की पट्ठी।"

बहुत मुमकिन था, मिसेज़ ग्रोवर, तान्या के हल्के-फुल्के मज़ाक से उद्वेलित होकर, गाली-गलौज पर उतर आतीं, मगर तान्या की निश्छल हँसी उनके उग्र संवादों को एकदम से मौन कर देती। बस वे धीरे-धीरे बड़बड़ाती..."कुतिया, हरामज़ादी, देख तो कैसे पूरे वजूद के साथ हँसती है...बिन माँ-बाप की बच्ची।" दूसरे ही लम्हे एक सर्द-सी लहर मिसेज़ ग्रोवर को भिगोती गुदगुदाती चली जाती।

लेकिन उस दिन ऐसा कुछ भी नहीं हुआ। बुढ़िया मिसेज़ ग्रोवर ने कोई गाली नहीं बकी। गहरी उत्तेजना के बीच तान्या, की हँसी कहीं लुप्त हो गई थी।

"अम्मां, खिड़की खुली है..."

"अच्छा..."

मिसेज़ ग्रोवर बिस्तर से उठकर बैठ गई थीं, "कोई है क्या, बताना?"

"अभी तक तो कोई नहीं...हाँ, ठहर कोई आ रहा है...वे आ गये हैं अम्मा...वे तीन हैं..."

"तीन...लेकिन कौन हैं?"

"वे मर्द हैं अम्मा।"

"उनके साथ कोई महिला नहीं है..."

"शायद नहीं...क्योंकि एक ने..."

"क ने क्या..."

"वैक्यूम क्लीनर खोल लिया है...शायद वे रसोई की सफाई करने वाले हैं..."

"तुमने अच्छी तरह देखा कि वे मर्द हैं?"

"हाँ"

"और ये भी कि वे अब रसोई की सफाई करने वाले हैं..."

"हाँ अम्मा।"

"ठीक है, अब उतर आओ।"

"अम्मा ज़रा हाथ तो थामो..."

"ठीक है कमबख़्त...ले पकड़...लेकिन मुझे गिरा मत देना।"

लकड़ी का एक छोटा-सा स्टूल था, जिस पर पाँव रखकर तान्या ब-असानी, खिड़की के उस पार देख सकती थी।

"तो मर्द आये हैं", मिसेज़ ग्रोवर अभी भी बड़बड़ा रही थी।

"हाँ अम्मा, इसमें नया क्या है? आजकल बहुत से मर्द..."

तान्या "अकेले रहते हैं," कहते-कहते रुक-सी गई थी।

"तूने देखा है न, उनके साथ कोई भी औरत..."

"औरत होती तो वैक्यूम क्लीनर से...लो तुम खुद ही आवाज़ सुन लो। सफ़ाई हो रही है।"

"हाँ," मिसेज ग्रोवर के होंठों पर एक रहस्मय-सी मुस्कान थी, "मर्दो को सफ़ाई का कहाँ ध्यान रहता है?" अब उनके स्वर में "चोरी पकड़ी जाने वाली" झल्लाहट सवार थी, "मर्द तेरी तरह नहीं होते, कामचोर कहीं की..."

"फिर कैसे होते हैं?"

"मर्द, मर्द होते हैं...बस कह दिया न, ज़्यादा बकबक मत किया कर। इन लड़कियों को ज़रा-सा मौक़ा देकर देखो, बस शुरू हो जाती हैं, बेल चढ़ने की तरह। अब जा, खड़ी-खड़ी मेरा मुँह क्या देख रही है?"

"जाती हूँ, तुम भी अजीब हो अम्मा," तान्या मुस्कराती, इठलाती हुई कमरे से बाहर निकल गई।

मिसेज़ ग्रोवर धीरे से बड़बड़ाई..."तो सफ़ाई हो रही है...हूँ, मर्द सफाई क्या जानें...सफाई तो..."

शेड-1

वो आदमी आ चुका था, जिसको अपना पति कहते हुए उसे हर बार शर्मिंदगी हुई थी। या कहना चाहिए, दिल ने कभी गवारा नहीं किया था। मगर वो पति था।

रस्मो-रिवाजों के साथ पति। इसलिए इन तकलीफ़ भरे दिनों का गवाह तो उसे बनना ही था।

तो वो आदमी आ चुका था। और वो देर से उसे देखे जा रहा था। ये उदास पतझरों के दिन थे। बाहर पत्ते बिखर रहे थे। उसने उस आदमी को गौर से देखा। वो अपनी बनियान उतार रहा था। एक पसीने की गंध में डूबी बदबूदार बनियान।

उसने ऐसे ही बनियान को उस बिस्तर पर फेंक दिया था, जहाँ वो सोती थी। उसे उबकाई आ रही थी...वो आदमी! अचानक मुड़कर सामने आ गया था। काला भयानक चेहरा। बड़ी-बड़ी गोल घूमती आँखें। सीने और कंधों के पास उगे हुए बड़े-बड़े रोएँ।

उसकी आँखों में आक्रोश था, "ऐसे क्या देख रही हो। जैसे पहली बार देख रही हो। चलो खाना निकालो। बड़ी जोर की भूख लगी है।"

"नहाओगे नहीं..."

"नहीं, क्यूँ?" वो जोर से भद्दे तरीके से हँसा, "नहाया तो पसीने मर जायेंगे। पसीने मर गये तो भूख भी मर जायेगी।" उसने पीछे से हाथों, से हल्का-सा धक्का भी दिया। "जाओ, दिमाग मत चाटो, खाना निकालो।"

एक लम्हे वह लड़खड़ाई। दूसरे ही लम्हे वो संभल चुकी थी। ये आदमी, वो आदमी सोफ़े पर दोनों टाँगे फैलाये लेट गया था। आँखें बंद कर ली थीं। नीचे के हिस्से में उसने सिर्फ टावेल बांधी थी। जबकि ऊपर का हिस्सा नंगा था। ये आदमी, इसी आदमी के साथ उसे सारी उम्र गुजारनी है। जब वो खाना लेकर आई, तो ये आदमी गहरे खर्राटें भर रहा था। मुँह भद्दे अंदाज़ में खुल-बंद हो रहा था...खर्राटों की बड़ी अजीब-सी आवाज़ फ़िज़ां में गूंज रही थी। उसने रूखे स्वर में ज़रा चीखते हुए कहा।

"उठो, खाना आ गया है..."

"रख दो।" उस आदमी ने आँखें खोल दी। अब वो नागवारी से प्लेट में रखे खाने को देख रहा था। वही रोटी, साग, सब्जी, भाजी, दाल। उसके संवाद का दूसरा हिस्सा मुलायमियत से भरा और चौंकाने वाला था।

"सुनो, तुम नहीं खाओगी?"

"नहीं, मुझे भूख नहीं है।"

(शेड-1 समाप्त)

वो भी एक उदास पतझरों के दिनों की सुबह थी। तान्या वापस आई तो बूढ़ी मिसेज़ ग्रोवर की आँखें नींद से बंद थीं। होंठ हिल-हिल कर खर्राटें भरी आवाज़ निकाल रहे थे। बदन-पसीने से भीगा लग रहा था।

तान्या हल्के से चीखी..."उठो अम्मा, नहा लो..."

प्रश्न के उत्तर में मिसेज़ ग्रोवर के लबों पर हल्की-सी मुस्कान थी, "कोई जरूरत नहीं।"

"फिर तुम खाना कैसे खाओगी। शरीर तो देखो, पसीने से चिपका पड़ा है।"

"बातूनी लड़की, सिर्फ बक-बक किये जाती है। जा खाना लेकर आ। और हाँ, तू नहीं खायेगी क्या? अच्छा सुन, अपनी भी थाली ले आना, यहीं बैठेंगे, खायेंगे और

बातें करेंगे।"

तान्या ने अजीब अर्थपूर्ण दृष्टि से मिसेज़ ग्रोवर को देखा। फिर वो थालियाँ लाने चली गई। मिसेज ग्रोवर जैसे अभी भी सोच में डूबी थी। थाली उठाकर भी उनकी आँखें कुछ सोच के तहत फैली हुई थीं...

"मर्द में एक अजब-सी खुश्बू होती है, नहीं...तू खा...तू क्या समझेगी...हाँ तो तौबा, तौबा। बड़े-बड़े बाल, काला चेहरा। रुएं से भरा सीना...कंधों तक उगे बाल...और पसीने की गंध, पागल...कुत्ती...तू खाती क्यूँ नहीं...लेकिन, मर्द के पूरे अस्तित्व में एक अजीब-सी सुगंध होती है..."

तान्या ने चौंककर अम्मा को देखा...अम्मा थाली का खाना भूल गई थी। अम्मा के चेहरे पर अजीब-सी मुस्कान सजी थी। और अम्मा की आँखें बड़े गहरे रंग में फैल गई थीं।

(ख)

पूजा-और मर्द

"अम्मा, खिड़की खुल गई।"

मिसेज़ ग्रोवर फिर चीखीं। "कमबख़्त, स्टूल पर ठीक से खड़ी रह। गिर जायेगी, हाँ तो बता, वहाँ क्या हो रहा है?"

तान्या मुड़ी। होंठों पर उँगली रखी, "शी! कोई आ रहा है, अरे वही है अम्मा। कल वाला आदमी।"

"अकेला है?"

"हाँ।"

"आज भी कोई औरत नहीं?"

"नहीं।"

"नौज! ये मर्द हमेशा से अकेले होते हैं। बीवी-बच्चे, पूरा परिवार हो, तब भी अकेले ही होते हैं, अब टकर-टकर मेरा मुँह क्या देख रही है, क्या कर रहा है वो...?"

तान्या मुस्कराई, "हाथ में अगरबत्ती है। शिव जी वाली अगरबत्ती। पूजा कर रहा है..."

"पूऽऽऽजाऽऽ" मिसेज़ ग्रोवर ज़ोर से हँसी, "अच्छा, चल। नासपीटी। स्टूल से उतर आ..." वो अब भी हँस रही थी, "ये मर्द पूजा-वूजा क्या जानें...ज़रूर अपने पाप धो रहा होगा। "

शेड-2

उसके लिए पूजा क्या है, ये तो वो उसी रात जान गई थी। शादी वाली रात, शायद उसके लिए, जीवन की सबसे बदसूरत रात थी।...वो आदमी...इस आदमी को पति के तौर पर कबूलने में बस उसकी मजबूरी है। वरना इस आदमी को तो, पल दो पल ढंग से देखा भी नहीं जा सकता। मजबूरी ये थी कि वो उस घर से आई थी। जहाँ हाथ तंग होते हैं, और लड़की भारी। किसी बदनसीब लम्हे, यदि क़िस्मत ने उसे इस आदमी को सौंप दिया था, तो इसमें किसी की भी गलती नहीं थी। हाँ दुर्भाग्य से, या शायद ये इस उम्र का तकाज़ा था कि कुछ हसीन से सपने गाँठ से बंधे रह ये थे। इन सपनों की मौत पर उसे ज़रूर रोना आया था। शादी वाली रात, वो पौ फटने से पहले ही बिस्तर छोड़कर उठ बैठा...वो जायज़ा लेती रही...उसने कोई नोट-बुक निकाली थी। लैम्प की रौशनी में वो कोई जोड़-घटाव कर रहा था। एक इंतहाई हसीन रात और उस रात भी एक इंतहाई उबाऊ काम।

"क्या कर रहे हो?"

"कुछ नहीं।" उसके उत्तर में रूखापन था। "बिजनेस का कुछ हिसाब-किताब रह गया था। तुम सो जाओ।"

ये आदमी। उसे इस आदमी के "ऐस्थेटिक सेंस" पर गुस्सा आ रहा था। कम से कम इस रात तो उसे उस औरत को जी भर कर देखना चाहिए था जिसको उसने इससे पहले कभी नहीं देखा था। मगर जैसे, वो इन सब बातों से बेनियाज़ था... सपने "किरचियों" की सूरत अंदर टूटते-टूटते धमाका कर रहे थे...ऐसे आदमी के साथ, जहाँ ख़्वाहिशें नहीं हों, ख़्वाब नहीं हो, बस एक रूटीन लाइफ वाला जानवर हो...एक जीवन कैसे-कैसे समझौतों की भेंट चढ़ जाता है।

शायद औरत बहुत छोटी-छोटी चीज़ों में भी अपनी इच्छाओं का सुख देखती है। जैसे उसे बताया जाये कि उसने जो पहन रखा है। वो कैसी दिख रही है...या ज़्यादा से ज़्यादा उसके बारे में उत्सुकता दिखाई जाये। या ज़्यादा से ज़्यादा कुरेदा जाये। मगर यहाँ तो, उसका वास्ता एक पत्थर से था। और वो बस कामसूत्र का कोई अबूझ सूत्र बनकर रह गई थी जिसे किसी-किसी रात, नई तरह से बूझने की, वात्स्यायन की जिज्ञासा बढ़ जाती थी। बस...काम-व्यापार और पैसा। उसे पूजा आदि के कामों में कोई रुचि नहीं थी। हाँ, तब, उस दिन जब सुबोध पैदा हुआ था। वो हवन सामग्री और पंडित को लेकर आया था। वो अपनी सीमित इच्छाओं से अधिक खुश था।

उसे ताज्जुब हुआ, "तुम...तुम ये भी कर सकते हो?"

"क्यूँ?"

"नहीं, मुझे लगता था..."

"हर काम समय पर अच्छा लगता है..."

"अगर बेटी होती तो...?"

"तो देखा जाता..." वो ठहरा। फिर भी बोला, "तो क्या, तब भी पूजा करवाता।

अब मैं इतना भी गया गुज़रा नहीं हूँ," दूसरे ही लम्हे वो अपने रंग में वापस आ चुका था, "अब ज्यादा बकबक मत करो, पंडित जी आये हैं, उनकी सेवा में जुट जाओ।" उस रात वो काफी देर से आया। आधी गये दरवाज़े पर दस्तक हुई। दरवाज़ा खुला तो सामने वो नशे में लड़खड़ा रहा था।

"पीकर आये हो?"

"हाँ।"

"कहाँ गये थे?"

वो गुस्से में अभद्रता से चिल्लाया, "बताना ज़रूरी है क्या?"

"हाँ, इसलिए कि अब तुम अकेले नहीं हो...", कहते-कहते वो रुक गई थी।

उसने लड़खड़ाते हुए हाथ उठाया था, मारने लिए, "कमीनी कहीं की। जिरह करती है। जैसे वो सिर्फ तुम्हारा ही बेटा है। अरे मेरा भी है। तभी तो जश्न मना कर आया हूँ..."

"जश्न?" वो सहमकर पीछे हटी थी।

"हाँ जश्न" वो लड़खड़ाते हुए सामान्य दिखने की कोशिश कर रहा था, "दोस्त इस खुशी में खींचकर ले गये थे। नाचने वाली के पास...लेकिन देखो, मैं चला आया..."

वो बिस्तर पर औंधे गिर गया था। जूते भी नहीं उतारे...उसके कपड़ों से तेज़ बदबू उठ रही थी। और उसका, समूचा माथा झनझना रहा था। नाचने वाली के पास? नहीं, कम से कम आज की रात वो इस आदमी के साथ बेड शेयर नहीं कर सकती...वो इस बिस्तर पर उसके पास-पास नहीं लेट सकती।

तभी बच्चे के चीख़ कर रोने की आवाज़ आई। उसने बच्चे को गोद में उठाया। तेज़ी से दूसरे कमरे में आ गई।

(शेड-2 समाप्त)

मिसेज़ ग्रोवर अचानक ज़ोर-ज़ोर से हँसने लगीं। तान्या ने घबराकर उनकी की तरफ देखा, "क्या बात है अम्मा...?"

"नहीं, कुछ नहीं। ये मर्द..." वो अब भी जोर-जोर से हँसे जा रही थी, "तुझे क्या मालूम, मर्द को किसी बात का होश नहीं रहता। मर्द...मर्द होता है। उसकी हर अदा में संगीत है। हर सुर में साधना।"

तान्या को झटका लगा था, "अब ये नई बात कह रही हो तुम, अम्मा।"

"पगली," अम्मा को गुस्सा आया, "मर्द को समझने के लिए तजुर्बा चाहिए और तजुर्बे को उम्र। तू क्या जाने कमबख़्त।"

मिसेज़ ग्रोवर चुप थीं। जैसे पुरानी कहानियों की बारिश ने उन्हें पूरी तरह भिगो दिया हो, "सच्ची बात है...मर्द के हर अंदाज में नशा है। लेकिन ये बात कितनी

देर बाद समझ में आती है....”

“वो मारता भी था?”

तान्या की बात पर मिसेज़ ग्रोवर गुस्से में झपटीं, “हुकूमत करने वाला बादशाह होता है! बाकी रिआया। जो हुकूमत करते हैं, उन्हें मारने का भी अधिकार होता है। मर्द फ़ितरतन हुकूमत करने वाले होते हैं।”

“और चीखना-चिल्लाना?”

“ये सब बादशाहों की तबीयत में शामिल है...”

“और रूखापन?”

“ये मर्द की फ़ितरी अदा है। अरे यही खुश्बुएँ तो...”

मिसेज़ ग्रोवर कहते-कहते ठहरीं, फिर चीखीं, “तू ये सब क्यूं पूछ रही है? बावरी हुई है? कमबख़्त काम की न काज की...चल भाग यहाँ से...”

वो अभी तक उस बे-रहम जल्लाद की खुश्बुओं में डूबी हुई थी।

(ग)

मर्द की खुश्बुओं के कुछ और रंग

“अब क्या है? बताती क्यूँ नहीं।”

“ठहरो, देखने तो दो...वे तीन हैं।”

“तीन हैं, ये क्या, कभी वे घट जाते हैं, कभी बढ़ जाते हैं?”

“शी” तान्या में मुँह पर उंगली रखी “वे गुस्से में हैं और आपस में झगड़ रहे हैं...वे तेज-तेज बातें कर रहे हैं...”

“झगड़ रहे हैं...?”

“हाँ, और शायद उनमें से एक, जो कल पूजा कर रहा था। उसकी...आँखों में आँसू हैं...वो शायद रो भी रहा है।”

“ऐ लड़की” मिसेज ग्रोवर का स्वर गंभीर था “दूसरों के फटे में पाँव नहीं डालते। चलो उतर आओ और लड़की, क्या देखा तुमने वो मर्द...क्या कहा, रो रहा था? कमबख़्त इन मर्दों को तो, कभी ढंग से रोना भी नहीं आया, चलो स्टूल ठीक से थामो। और नीचे उतर आओ।”

मिसेज़ ग्रोवर अब भी धीरे-धीरे बड़बड़ा रही थी, “मर्द रोना क्या जानें...इन मर्दों को तो रोना आता ही नहीं...कभी नहीं।”

शेड-3

वो समझ नहीं पा रही थी, आखिर इस आदमी में कहीं तो मुहब्बत की कोई कोंपल छिपी होगी। कहीं किसी गोशे में कभी तो वो मुहब्बत की इस कोंपल को बाहर

लाने का प्रयास करेगा। औरत के लिए बच्चे का होना एक अजब-सा अनुभव है। अपने ही शरीर से, अपने ही जैसे एक जीवित, हाड़-मांस के लोथड़े का बाहर निकल आना। फिर उसकी अठखेलियों को बड़ा होते देखना। सब कुछ एक सुखद आश्चर्य। कभी-कभी वह छटपटा कर रह जाती। उसके जंगलीपन को देखते हुए लड़ बैठती।

"कैसे आदमी हो तुम?"

"क्यूँ" उसके लबों पर आक्रोश की 'पपड़ी' जमी होती।

"बच्चा बड़ा हो रहा है।"

"सारे बच्चे बड़े होते हैं।"

"लेकिन यह सारे बच्चों में से नहीं है। यह तुम्हारा...तुम्हारा अपना खून है।"

वो गुस्से में चीखता, "तो क्या यह किसी और का भी खून हो सकता था...?"

"नहीं, मेरा मतलब है...शायद अपने बच्चे को इस तरह बड़े होते देखना...अपने-आप में, तुम समझ रहे हो न, मैं क्या कहना चाहती हूँ?"

"हाँ, अच्छी तरह समझता हूँ। तुम्हारे पास काम नहीं है। खाली दिमाग पड़ा है, दिन भर ऊटपटांग बातें सोचने के लिए..."

"जीवन किस लिए होता है?" वो अपने-आप से कहते-कहते ठहर जाती। मगर जीवन, और जीवन से जुड़ी बहुत छोटी-छोटी खुशियों की उसे परवाह ही कहाँ थी। एक बेहद उजड्ड और जंगली आदमी।

सपनों के पतझड़ के दिन जैसे अब दूर हो गये थे। अब एक बच्चा था उसके पास। और बच्चा बड़ा हो रहा था। बच्चे के पास उड़ानें थीं। इस बच्चे के पास सपने थे...और इस बच्चे में ऐसा बहुत कुछ था, जो सिर्फ उसी का था। जो उसके पति का नहीं था।

फिर बच्चा स्कूल जाने लगा। बच्चे के स्कूल जाने का मतलब उसके नजदीक बस इतना था, कापियाँ, किताबें ले आना...फीस भर देना। कभी-कभी किताब या कापी खो जाने पर डाँट देना या थप्पड़ मार देना।

किसी एक समय, समझाने के विचार से वो बहुत पास खिसक आई।

"सुनो...?"

"क्या है...?"

"बच्चा कुछ और भी चाहता है।"

"क्या?"

"हाँ, कुछ और...जैसे हर अच्छी-बुरी बात उससे शेयर की जाये। उसके भोले-भाले मासूम सवालों का जवाब दिया जाये। उसे इग्नोर नहीं किया जाये। उसे वक्त दिया जाये। कभी-कभी उसे पिकनिक पर भी ले जाया जाये...और

कभी-कभी...”

“मेरे पास इतना फालतू वक्त नहीं है।”

वो देर तक गौर से इस जंगली आदमी का चेहरा पढ़ती रही। तो बाप के पास समय नहीं था। और बेटा उससे डरता था। बेटे को बहुत ज्यादा उसकी मौजूदगी पसंद नहीं आती थी। बेटा अपने इन्हीं बागी खयालात को लेकर बड़ा हो रहा था। और एक दिन, बड़ा होने पर बेटे की हरकतों से लगा, उसमें प्रेम के कोंपल फूट गये हैं। बेटे की हरकतें ही कुछ ऐसी थीं। उसकी आँखों की चमक बढ़ गई थी। कभी-कभी बैठे-बैठे वो खयालों में गुम हो जाता था। उसे भूख नहीं लगती थी। वो सुबह-सवेरे ही घर से निकल जाता था। और एक दिन उसकी किताबों से एक सुंदर -सी लड़की की तस्वीर भी निकल आई थी।

“कौन है ये?” उसके स्वर में दोस्तानापन था।

“तुम्हें कहाँ से मिली?” बेटे को चोरी पकड़े जाने का अहसास था।

“कहीं से भी लेकिन ये है कौन?”

“कोई है।”

“लेकिन कौन है”

बेटे की आँखों में चमक बुझ गई थी, “कोई है, जो इस घर में नहीं आ सकती सुना माँ, इस घर में नहीं आ सकती”

“लेकिन क्यूँ?” वो एकदम से चौंक गई थी।

“क्योंकि तुम अच्छी तरह जानती हो माँ।”

“मैं कुछ नहीं जानती”, उसके रगो-पै में अभी भी हल्की-हल्की सरसराहट हो रही थी।

“ये घर...ये घर नहीं है। ये घर काटने को दौड़ता है। इस घर का माहौल बोझल है। यहाँ...यहाँ प्रेम नहीं है...”

बेटा इस वाक्य के बाद ठहरा नहीं।

पति के आने के बाद वो स्वयं को रोक नहीं पाई।

“सुना, वो क्या कह रहा था?”

“क्या?”

“वो...उसे अहसास है कि इस घर में...”

पति की आँखें गुस्से से फैली थी। दूसरे ही लम्हे वे चीखे थे, “क्या, वो प्रेम कर रहा है और तुमने...आने दो...आने दो उसे, अरे ये पढ़ने-लिखने की उम्र है उसकी...उसको वही सब कुछ करना है जो मैं...”

“वो, वो ऐसा कुछ नहीं करेगा। जो तुम कर रहे हो।”

“क्यों?”

"क्योंकि उसे तुम्हारी तरह नहीं बनना है" वह पहली बार उसकी आँखों में आँखें डालकर चीखी थी, "वो आदमी बनना चाहता है और आदमी, आदमी होता है। आदमी के पास वक़्त होता है। आदमी के पास अहसास और जज्बात होते हैं। आदमी प्रेम भी करता है। प्रेम को समझता भी है। और मुझे कह लेने दो, तुम ये सब नहीं जानते।

बिल्कुल नहीं जानते।"

वो जाने को मुड़ी तो दरवाज़े के पास बेटे से टकरा गई। बेटे का चेहरा शांत था और पत्थर।

"आओ माँ" बेटे ने उसके काँपते हुए वजूद को अपने सहारे में लिया था। उसके पति ने पलट कर देखा था, लेकिन इस बार...वो कुछ नहीं बोला। वो कुछ सोचता रहा। और सोचते-सोचते वहीं सोफे पर बैठ गया।

दूसरे ही दिन रात में उसने अपने पति को देखा। वो चिंतित लग रहा था। बार-बार टहलने लगता था। उसे अहसास था, वो उससे कुछ कहना चाहता था। मगर अपनी आदत से मजबूर था। टहलते-टहलते ठहरा, वो उसकी एक-एक हरकत पर नजर रखे हुए थी। वो उसकी ओर मुड़ा, उसका लहजा नर्म था।

"सुनो, उससे कह दो। वो जो कुछ करना चाहता है, करे, मगर अभी नहीं।"

"वो लड़की। तुमने बताया था न। कह देना मुझे कोई ऐतराज़ नहीं है। मगर हर काम वक़्त पर होना चाहिए।"

वो वापस बिस्तर पर आ गया था। उसने आँखें भी नहीं मिलाई। औंधे लेट गया और कुछ ही देर बाद उसके खर्राटे बोलने लगे।

"कैसा आदमी है ये...", वो गौर से उसके बदनुमा बालों के गुच्छों को देखती रही। शायद इतना भर कहने के लिए ही उसने इतनी मेहनत की थी। मगर ये आदमी आख़िर बेटे के लिए इतना नरम कैसे हो गया? वो आज तक नहीं समझ सकी...

फिर-जैसे धूप सरकती है...जैसे मौसम बदलते हैं, जैसे बरस पर बरस गुजरते हैं...बेटा बहू ले आया। फिर तान्या हुई। उसमें अभी भी कोई अंतर नहीं था। वो वैसा ही जंगली था। असभ्य, सिरफिरा रूटीन लाइफ वाला जानवर। फिर एक दिन तान्या को छोड़कर बहू-बेटा गाड़ी से जा रहे थे...कि वह हादसा पेश आ गया था।

वो उस समय को याद नहीं करना चाहती। जैसे दुनिया ही एकदम से पलट गई हो। किसी भयावह सपने की तरह वो उस मंजर को भूल जाना चाहती है। उसे बस इतना याद है...उसके चेहरे की कालिमा और बढ़ गई थी। वो मासूम-सी नन्हीं-सी तान्या को दोषी मानकर चिल्ला रहा था...लेकिन शब्द, शब्द बाहर नहीं आ

रहे थे। घर में लोगों की, मिज़ाजपुर्सी करने वालों की भीड़ बढ़ने लगी थी।

फिर रात हुई। बाहर ज़रूर कुत्ते रो रहे होंगे। हल्की बारिश भी हुई होगी। उसे अहसास था। सड़क सन्नाटी और धुली हुई होगी। वो बच्चों से अपना ध्यान मोड़ना चाहती थी। उसने देखा, पति उठे। धीरे से। उस रात, वो उस रात को कभी नहीं भूल सकी। वो रात उसे अपने बच्चों की मौत के लिए नहीं, बल्कि उस दृश्य के लिए याद रह गई थी।

कमरे में अँधेरा था। यक़ीनन उसे अहसास था कि उसे कोई भी नहीं देख रहा है। धीरे-धीरे वह नन्हीं तान्या की ओर बढ़ा। उसने देखा। सोई हुई तान्या को उसने बड़े प्यार से उठाकर सीने से लगा लिया है। वह सुबक रहा है। मगर चोरों की तरह।...उसकी सिसकियाँ फूट रही हैं। मगर वो इन आवाज़ों को भीतर ही रोके रखना चाहता है। लेकिन क्यों?

कुछ देर तक तान्या को सीने से लिपटाये रखने के बाद उसने अपने आँसू पोंछे, तान्या को फिर वहीं सुलाया। दोबारा अपने बिस्तर पर आ गया।

इसके बाद वो ज़्यादातर उदास रहा। लेकिन उसकी फ़ितरत नहीं बदली थी। उसके बाद वो ज़्यादा दिन जिंदा भी नहीं रहा।

(शेड-3 समाप्त)

तान्या की आँखों में आँसू थे।

"तुमने ये बात पहले क्यों नहीं बताई अम्मा?"

मिसेज ग्रोवर अपनी नम आँखों को पोंछती हुई हँस रही थी। "कमबख़्त इतना साथ रहने पर भी मैं एक मर्द...मर्द को नहीं समझ सकी..."

उनके चेहरे पर अब भी मुस्कान फैली हुई थी।

"लोग औरत को पहेलियाँ कहते हैं। लेकिन...पहेली तो मर्द होता है...उसके अस्तित्व की कठोरता ही अपने-आप में एक पहेली है और इस कठोरता में जो नर्मी है, वो...वो औरत कहाँ से लाये...?"

तान्या हतप्रभ उसके चेहरे को तके जा रही थी।

मिसेज़ ग्रोवर चिल्लाई, "पागल लड़की, मेरा मुँह क्या देख रही है जा...जाकर कुछ काम कर..."

तान्या गुस्से से बोली, "अम्मा, तुमने ही तो बुलवाया था..."

"हाँ", मिसेज ग्रोवर के शब्दों में ठहराव था। "अब बुलाया था तो जाने को भी तो मैं ही कर रही हूँ। जुबानदराज़ लड़की..."

फिर वो देर तक गालियों से उसका इस्तेकबाल करती रही।

(घ)

आख़िरी दृश्य

"हाँ, क्या है, बोलती क्यों नहीं?"

"अम्मा, वो सामने..."

"हाँ, बता न, क्या है...यह गर्दन उचका-उचका कर क्या देख रही है। ठीक से खड़ी रह। स्टूल गिर जायेगा"

"शी" तान्या ने होंठों पर उंगली रखी।

"वही है, आदमी, जो रो रहा था..."

"अकेला है?"

"नहीं..."

"तो बोल न, वही पहले वाले दो लोग है?"

"नहीं अम्मा, तुम ठीक से देखने भी नहीं देती..."

"तो देख", मिसेज़ ग्रोवर को गुस्सा आ गया था।

"उसके साथ एक..." तान्या जोर से बोलते-बोलते ठहरी।

"क्या एक...?"

"एक औरत है।"

"औरत?"

"हाँ अम्मा, आज उसके साथ एक औरत भी है।"

मिसेज ग्रोवर की आवाज़ कहीं फँसने लगी थी, "और क्या हो रहा है?"

"वो दोनों शायद झगड़ रहे हैं। मर्द, औरत को डांट रहा है। तेज-तेज गुस्से से बोल रहा है"

"निगोड़ी तू स्टूल से उतर आ। तेरा और कोई काम नहीं है क्या? जब-तब ताक-झाँक करती है। जा...मेरे लिए खाना लेकर आ। जा...बड़ी जोर की भूख लग रही है..."

तान्या ने घूर कर मिसेज़ ग्रोवर को देखा और एक झटके से स्टूल से कूद गई। "ठीक से, संभल कर...कमबख़्ती की मारी..."

तान्या ने जैसे आगे कुछ सुना ही नहीं! वो अम्मा के लिए खाने की थाली लाने चल दी।

हाँ, थाली लेकर वापस आते हुए एक अजब-सा दृश्य सामने था। अम्मा किसी तरह स्टूल पर चढ़ने में कामयाब हुई थी। और गर्दन उचका-उचकाकर सामने वाले फ्लैट में कुछ देखने की कोशिश कर रही थीं। लेकिन वो किसे देख रही थीं, या क्या देखने की कोशिश कर रही थीं?

फ़िज़िक्स, केमिस्ट्री, अलजबरा...

1

'नहीं अंजली। यहाँ नहीं। यहाँ मैं पढ़ रहा हूँ, ना। यहाँ से जाओ।'

'लेकिन क्यों पापा।'

'बस। मैंने कह दिया ना। जाओ। कभी कभी सुन लिया करो।'

'पापा। मुझे यहाँ अच्छा लग रहा है।'

'नहीं। मैंने कह दिया ना। मैं कुछ ज़रूरी काम कर रहा हूँ। सुना नहीं तुमने।'

'पाऽऽपाऽऽ' आवाज़ में हल्की-सी ख़फ़गी थी। 'तुम्हारे पास अच्छा लगता है मुझे।'

हिम्मत जुटाता हूँ। आहिस्ता-आहिस्ता चलते हुए उसके क़रीब आता हूँ। बिन माँ की बच्ची। दिल में बहुत सारा प्यार उमड़ता है। अंदर के गुस्से को उसके मासूम चेहरे पर हौले, से रख देता हूँ। जैसे 'दियासलाई' के नन्हें से शोले पर मोम को—पता नहीं कितना पिघला हूँ? या शायद पिघल गया हूँ। उसके सर पर आहिस्ता-आहिस्ता अँगुलियाँ फेरता हूँ।

'मैं तुम्हारे सामने पढ़ती हूँ तो इस तरह नाराज़ क्यों होते हो?'

'अंजली 'हप्पा' है—जाओ नहीं बोलती।'

'अच्छा। नाराज़ नहीं होना।' मैं हँस देता हूँ।

'हप्पा' अंजली खुश होकर बच्चों की तरह मुझ पर बिछना चाहती है। मैं पीछे हटता हूँ।

उसके हाथों को, नहीं। उसके जिस्म को खुद से दूर रखना चाहता हूँ।

'नहीं। नहीं अंजली। ठीक है...बचपना नहीं। अब बड़ी हो रही हो तुम...समझ गई...बड़ी हो रही हो।'

"हूँह। पप्पा के सामने बड़े, बच्चे ही रहते हैं।"

'लेकिन तुम...' बच्ची हो कहते कहते ठहर जाता हूँ। अंजली हैरानी से मेरा चेहरा तकती है।

'तुम क्या पापा...'

मुस्कुराने की कोशिश करता हूँ। 'तुम नहीं समझोगी, अंजली।'

अंजली मुँह बिचकाती है। 'मैं अब बड़ी हो गई हूँ। मैं अब सब समझती हूँ पापा। हाँ, कभी-कभी तुम समझ में नहीं आते पापा। लो, मैं तुम्हारे पास से जा रही हूँ। लेकिन सुनो, अकेले कमरे में मुझे डर लगता है। अब मैं तुम्हारे पास ही आया करूँगी, पापा। तुम्हारे ही कमरे में।'

'मेरे कमरे में?'

'क्यों, सब बच्चे सोते हैं।'

'नहीं मैंने इसलिए पूछा कि मैं रात भर लाईट जलाकर कुछ न कुछ ऑफ़िस का काम करता रहता हूँ।'

'मुझे लाईट डिस्टर्ब नहीं करेगी पापा।'

अंजली मुस्कुराती है–'कल से यहीं सो जाऊँ।'

'नहीं बस कह दिया ना। अब तुम बड़ी हो रही हो। इससे ज़्यादा सवाल नहीं।'

अंजली के मासूम चेहरे पर सवालों की सलवटें बिखर जाती हैं। मैं जाते-जाते उसके अलफ़ाज़ में दुःख महसूस कर लेता हूँ।

'कोई बात नहीं पापा।'

अंजली अपने कमरे में वापस लौट गई है।

उसकी सलवटें भरी सवालियाँ आँखें अब भी कमरे में मौजूद हैं। ये आँखें मुझे घूर रही हैं।

'अंजली को क्यों भेज दिया?'

मेज़ पर ऑफ़िस की कुछ बेहद ज़रूरी फ़ाइलें बिखरी पड़ी हैं। लेकिन अभी, इस लम्हे मुझे फाइलों की क़तई ज़रूरत नहीं है।

'अंजली क्यों गई? मैंने उसे अपने कमरे में कयों भेज दिया?'

पता नहीं, लेकिन शायद यह मेरे अंदर का सन्नाटा है, जो मुझसे लड़ रहा है। क्या हो जाता है तुम्हें। क्या हो जाता है तुम्हें। अच्छे ख़ासे आदमी से अचानक 'लड़की' के बाप क्यों बन जाते हो। बन जाते हो, चलो कोई बात नहीं, लेकिन अपनी ही लड़की से डरने क्यों लगते हो–

एक बुज़दिल आदमी जिरह करता है।

'नहीं। झूठ है। डरूँगा क्यों?'

सन्नाटा हँसता है। 'देखो' अपने आपको ग़ौर से देखो। तुम डर गए थे। क्योंकि–'अंदर का सन्नाटा एक इंतहाई फ़हश-सा जुमला अच्छा लगता है। तुम उसे अमूमन ऐसे लिबासों में नहीं देख पाते। है ना ऽऽऽ यार, वह कॉनवेंट में पढ़ती है।' सन्नाटा क़हक़हा लगाता है। 'कॉनवेंट या नए ज़माने की लड़कियाँ अब आँचल या ओढ़नी का इस्तेमाल नहीं करतीं। वह अपने बदन पर कपड़ों का ज़्यादा बोझ डालना नहीं चाहती। तो क्या हुआ। वह तुम्हारी बेटी है।'

'बस डर जाता हूँ।'

'लेकिन क्यों?'

लंबी-लंबी साँस लेता हूँ, कह नहीं सकता,

'बेटी में लड़की तो नहीं देखने लगते?'

अंदर का सन्नाटा देर तक हँसता रहता है।

2

उस दिन मिसेज़ ढिल्लन से यही तो पूछा था मैंने—

'बेटियों में लड़कियों का जिस्म क्यों आ जाता है।'

'क्या?' मिसेज़ ढिल्लन ज़ोर से चौकी थीं—लड़कियों का जिस्म—हँसते-हँसते चाय के कप पर उनके हाथ थरथराए थे—'आप शादी कर लो, आपकी बातें समझ में नहीं आतीं—'

'बेटी में लड़की का जिस्म, मैंने बहुत मामूली बात कही है, मिसेज़ ढिल्लन। ये लड़कियाँ क्यों उग आती हैं, बेटी में? लड़कियाँ पराई लड़कियाँ। पराई लड़कियों के जिस्म पर, मधुमक्खी के छत्तों की तरह, गिरती हुई पराई आँखें—ये बेटियाँ बस बेटियाँ क्यों नहीं होतीं—बग़ैर जिस्म वाली—नहीं, सुनो मिसेज़ ढिल्लन! कसूर आपका नहीं, यक़ीनन आप मेरी बात नहीं समझ सकतीं—लेकिन बेटियों में लड़कियों वाला जिस्म नहीं आना चाहिए...है, ना?'

शायद सब कुछ अचानक बदला था, अचानक।

हाँ, सब-कुछ अचानक ही बदल जाता है। घर में खुशियों का एक रौशनदान था। मेरे पास। सुनहरी किरणें आया करती थीं। ये सुनहरी किरणें मुस्कुरातीं तो घर जगमग-जगमग करने लगता—

वह अंजली की माँ थी—रौशनदान से झन-झन झाँकने वाली रौशनी की किरण—

'तुम्हें पता है पहली बार स्केटिंग करने वालों को बर्फ़ कैसी लगती है?'

'नहीं।'

'चिकनी और खूबसूरत।'

ये उसके लिए मेरा काम्पलीमेंट था—

वह ज़ोर से हँसती थी—"क्या ये तुम्हारी पहली स्केटिंग है।"

'अगर हाँ कहूँ तो?'

'यक़ीन कर लूँगी।'

"तो फिर यक़ीन करो। इससे पहले कभी बर्फ़ पर चलने का ख़याल ही नहीं

आया।"

'बर्फ़ पर–' उसके मोतियों जैसे दाँत हँस रहे थे–उफ़ कितने शफ़्फ़ाफ़ और क़रीने से रखे हुए–

'क्या ये सारे हीरे मेरे हैं?' मैंने उसके होंठों का बोसा लिया।

हाँ, वह फिर दिलकश अंदाज़ में हँसी थी–'उसके लिए जो पहली बार स्केटिंग सीख रहा है–'

फिर ये स्केटिंग जैसे ज़िंदगी का एक हिस्सा बन गई। घर में खुशियों वाला रौशनदान खुल गया–

वह मुस्कराती थी–

'अब कहीं स्केटिंग करने जाते हो या नहीं?'

'तुम से ही फुरसत नहीं मिलती–'

'अब करोगे भी नहीं। इसलिए कि तुम्हें स्केटिंग से रोकने वाली आ रही है–'

यह अंजली थी, जिसके बारे में शुरू से ही उसका ख़याल था, बच्ची होगी।

'क्यों?'

'ज़्यादातर बच्चियाँ अपने लिए सर्दियाँ पसंद करती हैं। मैं खुद सर्दी के मौसम में पैदा हुई थी। सुनो। अगर बेटी हुई और बेटी ने तुम्हारी तरह स्केटिंग करनी चाही तो–?'

मेरा चेहरा एक लम्हे को फक हो गया था।

वह ज़ोर से हँसी–'बस हो गई ना छुट्टी।'

'तुम मर्दों में हर वक़्त एक चोर मर्द क्यों रहता है। बेटा हो तो ताड़ पर चढ़ा दो। दस गुनाह माफ़। कुछ भी पहन ले। दस-दस महबूबाओं के साथ घूमता रहे। मगर बेटियाँ।'

वह मेरे चेहरे पर झुक गई थी–

'सॉरी–मैं खेल रही थी–उसकी मख़रूती जलती अँगुलियाँ मेरे बर्फ़ जैसे चेहरे पर मोम के शोलों की तरह अपनी आँच दे रही थीं–मैं जानती हूँ। तुम ऐसे नहीं हो–तुम अपनी बेटी से भी वैसी ही मुहब्बत करोगे, जैसे–है ना–बेटी अगर मेरी तरह हुई तो–'

मैंने फूँक मार कर शोला बुझा दिया था–

'बेटी तुम्हारी तरह नहीं होना चाहिए।'

'क्यों?'

मैं शायद ख़ामोश रह गया था। बेटी अगर बड़ी हुई. तो–? वही ख़ामोशी से डस जाने वाला कॉम्पलेक्स–यह बदन कुछ जाना पहचाना -सा है–यह चेहरा

कुछ-कुछ—

3

शायद इसीलिए मैं अंजली की पैदाइश पर ज़ोर से डरा था, नौ-मौलूद बच्चों का चेहरा इतना ज़्यादा माँ या बाप से नहीं मिलता, लेकिन अंजली में उसकी माँ मुस्करा रही थी—अंजली को निहारते हुए मैं अचानक ज़ोर से चीखा था।

'नेकर—नेकर कहाँ है?'

'शी—जाग जाएगी?' उसके चेहरे पर ख़ुफ़गी थी। 'ज़ोर से चिल्लाए क्यों? वह हँसी—'शू शू हो गई थी इसलिए। देखो। वहाँ मेज़ पर नेकर पड़ा है, बदल दो ना प्लीज़—'

पता नहीं। लेकिन शायद बहुत कुछ बदलने की इब्तदा हो चली थी—

मैंने मेज़ से नेकर उठा लिया।

मगर मेरे हाथ क्यों काँप रहे थे।

'सुनो, तुम बदल दो।'

'यूँ? इत्ता-सा काम भी तुम लोगों से नहीं होता। तुम मर्दों से। बस बीवी ही नौ महीने तक पागल बनी रहे। तुम्हारा बच्चा है, तुम क्यों नहीं नेकर बदल सकते—सुनो—'

वह अंजली का नेकर बदल रही थी। मैं कहीं और देख रहा था।

'सुनो। अंजली के आ जाने से मेरे भी काम बढ़ जाएँगे। तुम बिज़ी रहते हो। लेकिन सुनो। अंजली को सुबह-सुबह तुम ही नहाया करोगे। ठीक है ना?'

'नहीं।'

सर्दियों के मौसम में जैसे दाँत बजते हैं। अंदर कुएँ से कोई सदा ऊपर तक आते-आते थम गई थी।

'कैसे बाप हो। अपने बच्चे को गोद में तो लो?'

उसने अंजली को अचानक उठाकर मेरी गोद में डाल दिया था। वह हँस रही थी।

'कैसा अजीब-सा लग रहा है। है ना? जैसे मैं नन्हीं सी होकर तुम्हारे हाथों में सिमट गई हूँ'—

मुझे ज़ोर का करंट लगा था।

अंजली के एक साल होने तक ये सब सिलसिले चलते रहे। ये लड़कियाँ सफाई के मामले में पैदाइश से ही बड़ी सेंसिटिव होती है। अंजली ज़्यादा उसी वक़्त रोती थी, जब उसने शू-शू कर दिया हो, कभी कभी वह किचन में मसरूफ़ होती तो वही से डाँट लगाती।

'नेकर बदल दो।'

शायद वह पहला वाक़आ था। नहीं हादसा—नहीं वाक़्या कहना ही बेहतर होगा—वह शायद शॉपिंग के लिए गई थी और अंजली ज़ोर-ज़ोर से रोए जा रही थी। मुझमें एक बाप जाग चुका था।

लेकिन कैसी हिम्मत की कमी थी मुझमें?

और क्यों?

पेशाब से चिपचिपाते फलिये से मैंने उसे उठा तो लिया—मगर, मेरे हाथ पेशाब से सने नेकर उतारते हुए काँप रहे थे—उसके नन्हें-नन्हें से पाँव में दोबारा साफ़ सुथरी नेकर पहनाने तक मैंने एक लम्हे के लिए भी उसकी तरफ देखना गवारा नहीं किया था, लेकिन क्यों?

एक सहमे-सहमे से बाप को आख़िर इतना समझाना क्यों पड़ता है?

बच्ची हँस पड़ी थी, अब मैंने उसे ग़ौर से देखा, हौले से 'मुन्ने' से हाथों को छुआ—पावों में चाँदी के कड़े थे—वह आसमान से उतरा हुआ फ़रिश्ता लग रही थी।

बेसाख़्ता उसने गोद में उठा लिया, पेशानी पर चुम्मी ली।

'मेरी बेटी। मेरी अंजली।'

वह शायद पहले ही आ चुकी थी। लेकिन छुपकर यह तमाशा देख रही थी। उसने ज़ोर से तालियाँ बजाईं—

'गुड आज से तुम बाप बन गए। अब मेरी ज़रूरत नहीं रही।'

'ऐसा क्यों कह रही हो?'

'क्योंकि तुममें एक बाप आ गया है?' वह हँस रही थी—'सुनो, इस बाप को बुज़दिल नहीं होना चाहिए—सुनो, मैं इस बाप को बुज़दिल नहीं देख सकती—'

वह दौड़ कर आई। अपने होंठ उसके होंठ पर रख दिए—

'देखो—अंजली हँस रही है, हँस रही है ना—?'

4

शायद उसने सही कहा था,

मुझमें एक बाप जाग गया था और शायद इसीलिए वह हमेशा के लिए सोने चली गई—उस रात की नींद इतनी गहरी थी कि वह कभी नहीं जगी—अंजली मेरी गोद में थी—और मैं आसमान के किनारे तलाश कर रहा था। इस किनारे से उस किनारे तक फैला हुआ आसमान—एक लंबी ज़िंदगी और मासूम-सी, मुट्ठी भर हाथों में समा जाने वाली अंजली।

अंजली बड़ी हो रही थी, बाप डर रहा था—बाप दोस्त बनने की कोशिश कर रहा था। लेकिन, लड़की या औरत के बदन से जुड़ी हुई कुछ ऐसी 'खुफ़िया' कहानियाँ भी थीं, जो अचानक पुरइस्रार रातों की तरह जाग जाती हैं, कभी कभी सहमी रातें मुझ में डर पैदा कर देतीं—ख़ास कर ठंड जैसे मौसम में, एक ही लिहाफ़

में—अंजली के बदन से लिपटे हुए हाथ अचानक, ख़रगोश से साँप जैसे भयानक हो जाते—

मैं लैंप रौशन कर देता। कमरे को अपनी लंबी-लंबी और गहरी-गहरी साँसें सौंप देता हूँ।

यह मुझे क्या हो रहा है, अंजली बेटी है। बेटी है। दो एकम दो। दो दूनी चार—अंजली बेटी है—बेटी है—बेटी है—मैं अपनी साँसों से उलझने की कोशिश कर रहा हूँ—

अंजली मेरी बेटी है, मेरी जानो—यार, ये बेटियों में, अचानक लड़की जैसा बदन क्यों आ जाता है—?

शायद अपने आप को मज़बूत कर रहा हूँ। मुस्कराता हूँ। अंजली की पेशानी का बोसा लेता हूँ—वात्सल्य से भरा चुंबन—लिहाफ़ ओढ़ाता हूँ, ठंडक बढ़ गई है—लैंप बुझाता हूँ।

लेकिन अंजली के लिहाफ़ में घुसने की हिम्मत नहीं होती।

क्यों?

लिहाफ़ के अंदर अंजली का बदन हँस रहा है—मैं ठिठुर रहा हूँ। बाहर ठंडक बढ़ गई है—नींद नहीं आ रही है—सिगार, एश ट्रे, अंधेरे में ये हाथ सब कुछ तलाश कर लेते हैं। रिवाल्विंग चेयर पर बैठ गया हूँ—सिगार का धुआं और लिहाफ़ के अंदर हिलती डुलती हुई अंजली—

शायद यह उसी फैसले की घड़ी थी—

'नहीं अंजली, अब तुम्हें बिस्तर अलग करने होंगे—समझ रही हो ना—अब बड़ी हो रही हो तुम—और—पढ़ाई भी तो करनी है तुम्हें—'

अंजली की क्या उम्र हो गई होगी अब?

यह मिसेज़ ढिल्लन थीं—फाइल पर झुकी हुई निगाहें—

'च—चौदह—' कहते कहते ठहर गया हूँ—

'माईगॉड—मिसेज़ ढिल्लन के मुँह से हल्की-सी चीख़ निकली। 'चौदह की हो गई अंजली—अब आपकी ज़िम्मेदारियाँ बढ़ जाएँगी सर।' घर में और कौन-कौन है,—मेरा मतलब औरत—'

'पहले एक आया थी—'

'थी—?'

'हटा दिया—'

'क्यों?'

'वह अंजली से ज़्यादा मुझमें दिलचस्पी लेती थी।'

'ओह नो—फाइल से ऊपर उठी हुई निगाहें—अंजली को इस उम्र में औरत की

ज़रूरत है सर।'

'औरत की है?'

'ज़ाहिर है...औरत की सर—' मिसेज़ ढिल्लन हँसती हैं। मैं कैसे समझाऊँ आपको—आप—

एक ख़ौफ़ज़दा बाप अपनी मुँह लगी असिस्टेंट के सामने चुप है—परेशान सा—

'क्या बात है मिसेज़ ढिल्लन।'

'आपकी ज़बान में समझाऊँ सर' वह हँसती है। इस उम्र में एक खूबसूरत हादसा लड़की का इंतज़ार कर रहा होता है—खूबसूरत, नहीं समझ में आने वाला और दिमाग़ की रगें चटख़ाने वाला—क्योंकि लड़की जवान हो रही होती है—

'जवान—' सन्नाटे में मिसाइल छूटी।

'यस सर'

मिसेज़ ढिल्लन ने फ़ाइल बंद कर दी। 'बेहतर है आप उस आया को फिर से बुला लें।'

'मिसेज़ ढिल्लन' मैं आहिस्ता से चीख़ता हूँ। 'आप कहना क्या चाहती हैं—'

'पी—पी रेड, इस उम्र में लड़कियों को—'

मिसेज़ ढिल्लन आगे बढ़ जाती हैं—

मुझे कुछ नज़र नहीं आ रहा है—कमरे का रंग अचानक सुर्ख़ हो गया है—लाल।

लाल—खिड़कियों पर चढ़े हुए शीशे।

शीशे—दीवारें—और ज़मीन—सब लाल

लाल—सुर्ख़-सुर्ख़—मेरी आँखों के आगे—अंधेरा भी—मैं सर थामने की कोशिश करता हूँ।

'अंजली'

ये बेटियों में लड़कियाँ क्यों आ जाती हैं—

'उस दिन मैं दफ़्तर से घर लौट आया था। दरवाज़े पर दाख़िल होते ही ज़ोर से चीख़ा—'

अंजली!

मगर कोई नहीं। दरवाज़े के पट खुले थे—सीढ़ियाँ ख़ामोश थीं—अंधेरे में, स्क्रीन पर अलफ्रेड हिचकाक की कोई फिल्म शुरू हो गई थी—सस्पेंस और रोमांच से भरी हुई फिल्म—

अंजली—

बाप अलग अलग दरवाज़े पर दस्तक देता है—चिल्लाता है—अंजली—वह 'बड़ी सी अंजली' को अचानक दरयाफ़्त कर लेना चाहता है, मगर इस अचानक दरयाफ़्त

के बाद—सुर्ख़ सन्नाटे, जैसे ज़हन को चीटियों की तरह काटे जा रहे हैं—अंजली—यहाँ भी नहीं—इस कमरे में भी नहीं। कहाँ गई—? बैक ग्राउंड से तेज़ म्यूज़िक—दरवाज़ा खुला है। अंजली नहीं है। कहाँ गई होगी। कहीं गई होगी—कहीं गई होगी यार—बेटियाँ अचानक जवान हो जाती हैं। कशमकश भरे लम्हे में खुद को दी जाने वाली तसल्लियाँ—कहीं गई होगी। मगर इस तरह घर को खुला छोड़कर—और—वही—सुर्ख़ इनकलाब—

ज़हन में चक्कर आ रहे हैं—

बालकानी पर आ गया हूँ—ये साँसें धौंकनी की तरह क्यों चल रही हैं—तेज़ तेज़—शायद मुझे कुछ हो रहा है। नज़रों के आगे यह कैसा सुर्ख़ इनकलाब मुझे परेशान किए जा रहा है—

एक बार फिर ज़ोर से चिल्लाता हूँ—अंजली!

सुर्ख़ मंज़र एक एक कर के 'लेज़र' किरणों की तरह अंजली के बदन में दाख़िल होते चले जा रहे हैं—सामने स्क्रीन पर अंजली का बदन रोशन है—और लेज़र किरणें—सुर्ख़ लेज़र किरणें—

मुझे शॉवर की ज़रूरत है—इस बदन को हटाओ—अंजली के बदन को हटाओ—

मैं दोनों हाथों से सर थामता हूँ। बाथरूम की तरफ़ तेज़ी से भागता हूँ—दरवाज़ा खोलता हूँ और—

बाथरूम के दरवाज़े के खुलते ही हैंगर पर लिपटे हुए साँप जैसे ज़ोर से उछल कर मुझे डस लेते हैं। मैं चीख़ना चाहता हूँ मगर चीख़ जैसे अंदर घुटकर रह गई है—मेरा जिस्म थर-थर काँप रहा है। बाथरूम की हर एक शै मेरी निगाहों के सामने हैं। सुर्ख़ टाइल्स। इनके दरम्यान इसी कलर से मैच करता बाथ-टब। हल्का हल्का खुला हुआ शॉवर-शॉवर के छेद से टपकते हुए क़तरा क़तरा पानी की बूँदें—और उधर शावर के दाईं तरफ बेढंगेपन से हैंगर की सुर्ख़ 'रड' में 'खोसी' अंजली की ब्रा और पैंटी—

शॉवर के छेद से पानी की बूँदें टपक रही हैं—टप—टप—

मेरी आँखें सहम गई हैं—

बदन लरज़ रहा है—

गला सूख रहा है—

जिस्म के अंदर भूचाल आ गया है—

रेज़ा-रेज़ा काँप रहा है—

कैमरा बाथरूम में न अब कहीं पैन हो रहा है न टिल्ट अप न ही टिल्ट डाउन—वह जैसे उसी मंज़र पर फ्रीज हो गया है—अंजली के कपड़े और—

शॉवर के छेद से टपकती हुई बूँद—

अंजली!

जैसे बिजली का करंट लगता है।

मेरे मुँह से ज़ोर से चीख़ निकलती है—थर थर काँपता हुआ कमरे में आता हूँ—बिस्तर पर रखा हुआ कंबल उठाता हूँ—नहीं, मुझे एक शिकार करना है—बाथरूम में साँप आ गया है—यह कंबल नहीं है। शिकारी का फंदा है—

फिर वही बाथरूम—सुर्ख़ टाइल्स—और मेरा शिकार है—आँखें ख़ौफ़ज़दा होकर दूसरी तरफ़ करता हूँ। कंबल एक झटके से अंजली के अंदर पहने जाने वाले लिबास पर फेंकता हूँ—पकड़ लिया चोर—हाथ लरज़ रहा है। बदन में खून की गर्दिश बढ़ गई है। पाँव काँप रहे हैं—हाथ में चूहेदानी है और अंदर हरकत करता हुआ चूहा—ओ पकड़ लिया—अंजली का कमरा है—उसका वार्ड रोब—आँख बंद करके कंबल खोलता हूँ—और ये गया चूहा—कंबल वहीं फेंक बाथरूम की तरफ़ दौड़ता हूँ। शॉवर चलाता हूँ। आँखें बंद कर लेता हूँ। पानी की तेज़ बूँद सिर पर पड़ती हैं। एक ज़रा-सी ख़यालों की बरहना गुफाओं से बाहर निकलता हूँ—

यह मुझे क्या हो गया था—

मैं अंजली की आवाज़ सुन रहा हूँ—पापा—पापा—पापा

अंजली आ गई है—

पानी में तरंग पैदा हुआ है—मैं अपने जिस्म को नार्मल टेम्प्रेचर पर लाने की कोशिश कर रहा हूँ—

पापा—पापा—

अंजली बेटी है—बेटी—मेरी प्यारी बेटी—दो एकम दो, दो दूनी चार—बेटी है—बेटी है—

'चीख़ क्यों रहे थे?'

'तुम गई कहाँ थीं?'

'जाऊँगी कहाँ। मीनू से नोट्स माँगने गई थी।'

'मीनू?'

'हाँ। वह पड़ोस वाले शर्मा अंकल की बेटी। लेकिन तुम चीख़ क्यों रहे थे—पता है। दरवाज़ा खुला रह गया था, इसलिए सॉरी पापा, मुझे ख़याल नहीं रहा—'

'कोई बात नहीं।'

मैं मुस्कराने की कोशिश करता हूँ। अंजली बेटी है। दो दूनी चार—दो एकम दो—

'ऐसे क्या देख रहे हो पापा।'

'कुछ नहीं।'

'नहीं। कुछ तो है।'

'देख रहा हूँ कि अब मेरी बिटिया बड़ी हो गई है।'

'तो? अब मेरी शादी करोगे?' अंजली मुस्करा रही है। 'यह एकदम से बाप क्यों बन जाते हो। ओल्ड फैशन्ड।' आगे बढ़कर उसने मेरे गले में प्यार से अपनी बाँहें डाल दी हैं। 'तुम एक दोस्त हो पापा। मेरे लिए—पापा से ज़्यादा दोस्त।'

'हाँ बिटिया मैं तुम्हारा दोस्त ही हूँ।'

अंजली के माथे पर किस करता हूँ—'दोस्त हूँ। लेकिन तुम्हें अचानक इतना बड़ा नहीं हो जाना चाहिए था—'

मिसेज़ ढिल्लन के लफ़्ज़ चारों तरफ से मुझे घेर रहे हैं—एक खास तरह का साउंड इफेक्ट। इको—अंजली को देखकर मैं मुस्कराना चाहता हूँ मगर वही—

—हर जोर जुल्म की टक्कर में इनसाफ़ हमारा नारा है।

सुर्ख़ सुर्ख़ इनक़लाब—

मिसेज़ ढिल्लन के बजते हुए लफ़्ज़—"इस उम्र में एक खूबसूरत हादसा लड़की का इंतज़ार कर रहा होता है—खूबसूरत और नहीं समझ में आने वाला—फिर धमाका होता है—पीरियड—तेज़ धमाका—जैसे एक मुल्क ने दूसरे मुल्क पर बमबारी शुरू कर दी हो—धांय, धांय—"

मामूल में आने तक अंजली से एक अटपटा सा सवाल कर देता हूँ—

'तुम ठीक तो हो बेटी। मेरा मतलब है रात में?'

'रात में—'

'र—ा—त—' रात मेरे होंठों पर आकर तिलिस्म होशरूबा की पत्थर बनाने वाली जादूगरनी बन गई है—हाँ, रात में—ठीक हो, ना—मेरा मतलब है—

'मैं बिल्कुल ठीक हूँ। मुझे रात वात में कुछ नहीं होता है। देखो, मैं बिल्कुल फिट हूँ।'

अंजली मेरे सामने तन गई है।

मैं मुस्कुराने की कोशिश करता हूँ—अंधेरे में, आसमान पर चमकते एक प्यारे से तारे को 'होले' से छू लेता हूँ—नहीं—मैं बिल्कुल ठीक हूँ और सेहतमंद—

5

क्या मैं पर्वर्टेड हूँ?

नहीं। मुझे यक़ीन है। मैं प्रर्वर्टेड नहीं हूँ। मैं गंदे ज़हन का आदमी नहीं हूँ। वैसा आदमी, जैसा हमारे माहौल में आमतौर पर चालीस के बाद के मर्द हो जाते हैं—उन्हें कहीं भी देखं लीजिए। बस स्टाप से क्लब और अपने खूबसूरत दफ़्तर के 'रोबदार' कमरे में अपनी हसीन सेक्रेटी को डिक्टेशन देते हुए—वह इस बात पर दिल खोलकर हँसते है कि बगैर कुर्सियों वाले बॉस के कमरे में, बॉस के 'बैठ जाओ' कहने

पर नई-नई आई हुई सेक्रेट्री ने इधर-उधर कुर्सियाँ तलाश करने के बाद पूछा था। 'कहाँ बैठूँ सर, यहाँ तो कुर्सियाँ ही नहीं हैं–'

वह बहुत कुछ घर से साथ लेकर आते हैं–पुरानी बीवी का उदास बिस्तर–उसके ढलते जिस्म की 'सदाबहार' जवानी और पहले जनपथ किस के नॉनवेज लतीफ़े–वह जानता था, ये सब अंदर का फ्रस्ट्रेशन है और कुछ नहीं–इन ढलती हुई उम्रों के पायदान पर खड़े मर्दों के लिए जवानी का इश्तहार, बन जाने की रवायत कोई नई नहीं है–जिस्म सोने लगता है तो होंठ बोलने लगते हैं और आँखें ज़हरीली होने लगती हैं–

लेकिन–

अंजली की माँ के मरने के बाद से लेकर अब तक, और उसके लिए किसी मनोचिकित्सक या सेक्सलॉजिस्ट के पास जाने की ज़रूरत नहीं है। मैं कभी भी गंदी ज़हनियत का क़ायल नहीं रहा–ढलान पर की ढलान बातें, नॉनवेज लतीफ़े–मैं इन लताइफ़ में अंजली की माँ का मज़ाक़ नहीं उड़ा सकता था–औरत मेरे लिए देवी या श्रद्धा की मूर्ति न सही, लेकिन सम्मानीय ज़रूर रही, इसलिए मुझे हमेशा खुद पर नाज़ रहा–मैं इन ढलती उम्र के बूढ़ों में से नहीं हूँ–अंदर कुछ बाहर कुछ–

लेकिन यह सब अचानक–

यह मेरे लिए उम्र का नया मोड़ है। यार, यह बिटियों में एकदम अचानक से लड़कियाँ क्यों आ आती हैं–

चलिए। मान लिया मैं पर्वर्टेड नहीं था। फिर अंजली के अंडर गार्मेन्ट्स को देखकर डर क्यों गया था–हवास बाख़ता–मेरी चीख़ क्यों निकल गई थी–

बेटी मुक़्द्दस शै है तो उसके कपड़े भी मुक़्द्दस हुए–फिर–मैं डर क्यों गया था? चूहे को जाल छुपाने जैसा, कंबल डालने का वाक़्या क्यों पेश आया–शायद, इनसानी साईकी अभी भी अपने अंदर का 'बहुत कुछ सुराग़ लगा पाने में नाकाम है–'

मगर सुर्ख़ इनकलाब और।...

अंजली बड़ी हो रही है–

'कितने की–चौदह–चौदह की हो गई, ना अंजली–' मिसेज़ ढिल्लन मेरी आँखों में झाँक रही हैं–उनकी आँखों में शरारत है।

'आपको–आपको होशियार रहना चाहिए सर।'

'क्यों?'

'बस कह दिया ना। यह उम्र ही ऐसी है।'

'यानी, चौदह–चौदह की उम्र–'

'सबसे सनसनीख़ेज़ उम्र यही होती है–इस उम्र में लड़कियाँ लव लेटर भेजना

शुरू कर देती हैं–'

'लव–लेटर–' मेरी साँस रुक रही है–अंजली का चेहरा एक पल को आँखों के आगे दौड़ जाता है। यह मासूस-सी बच्ची। आँखों के पर्दे पर छोटे-छोटे अंजली के हाथ हैं–नहीं, यह हाथ मुहब्बत भरे ख़त नहीं लिख सकते–?

'क्या सोच रहे हैं सर? मिसेज़ ढिल्लन मुस्कराती हैं। लेकिन आपके लिए। आपके लिए क्या ग़लत है सर–आप तो इस मामले में बहुत लिब्रल हैं–यानी–मुझे लगता है, आप इस मामले में भी अंजली से शेयर करेंगे–क्यों सर–ज़माना बदल रहा है। बस अंजली को फिसलना नहीं चाहिए–समझ रहे हैं ना सर। बस इस जगह थोड़ा सा होशियार रहने की ज़रूरत है–'

लेकिन क्यों ज़रूरत है मुझे? बड़े होते ही हम अपना ज़माना क्यों भूल जाते हैं। अंजली की जगह लड़का होता तो? तब तो चिल्ला चिल्लाकर उसकी पहली-पहली मुहब्बत की खुशी में फाईव स्टार में डिनर देता–लोग पूछते, मामला क्या है? तो चिल्लाकर कहता–मेरे बेटे को पहली बार किसी से मुहब्बत हुई है–मेरे–बेटे को–!

अंजली की मुहब्बत पर पार्टी क्यों नहीं दे सकता–?

नहीं। अंजली लड़की है। अंजली को मुहब्बत नहीं करना चाहिए। लड़कियों के मामले अगल होते हैं। मिसेज़ ढिल्लन बताती हैं, जब उनकी बेटी सात साल की हुई थी और मि. ढिल्लन बहुत प्यार करने वाली अपनी बेटी को बाथरूम में नहला कर टावल बाँधकर बाहर लाए थे तो उनकी मम्मी ने उसे समझाया था।

'नॉट, नॉट अगेन' अब बेटी को तुम ही नहलाया करो।

'लेकिन क्यों मम्मी। वह बाप है।'

'बाप है तो क्या हुआ। है तो मर्द।'

मर्द–? बाप को मर्द नहीं होना चाहिए–बेटी। सगी बेटी–बाप कितनी-कितनी बातों से 'महरूम हो जाता है या कर दिया जाता है।

मिसेज़ ढिल्लन ने पूछा था–

'आप, आप क्या करते हैं सर।'

'मैं अंजली को सात आठ साल की उम्र तक खुद ही–'

मिसेज़ ढिल्लन ने कहकहा लगाया था–'वही तो...आपने कहा था, ना सर, ये बेटियों में लड़कियाँ क्यों आ जाती हैं। मां गुस्ल देती है तो बेटियों में लड़कियाँ नहीं आतीं। बेटियों में बेटियाँ ही रहती हैं–'

मिसेज़ ढिल्लन ने कितनी आसानी से यह सच उगल दिया था–और हक़ीक़त थी कि अंजली के फैलते जिस्म के साथ पवित्रता के रिश्ते ने क़दम क़दम पर अपनी दीवारें उठानी शुरू कर दी थीं–यह जवान होती लड़कियों का जिस्म अचानक लाउड स्पीकर की तरह चीख़ने क्यों लगता है–'

और यह चीख़ मेरे अंदर उतर रही थी। एक कमज़ोर बाप की आत्मा में–क्या

अंजली किसी को लव-लेटर लिख सकती है।

'नहीं।'

'क्यों?'

'बस नहीं लिख सकती?'

'क्यों नहीं लिख सकती।'

'इसलिए कि मेरी बेटी है।'

लेकिन उसने अगर लिखना शुरू कर दिया तो? कॉलेज है—सारा दिन अकेले रहती है—उसने कभी इस बारे में पूछा नहीं। वह अपनी तन्हाइयाँ किसके साथ शेयर करती है—सारा दिन किस तरह अपना दिल बहलाती है—कॉलेज में क्या करती है—कॉलेज से कितने बजे घर वापस आती है—??

सोच की रफ़्तार रुक नहीं पा रही थी—

और उस दिन घर में दाख़िल होते ही एक बार फिर वह ना-ज़ेबा वाक़्या सामने आ गया था।

6

वह अपने कमरे में थी, वार्ड रोब के हैंगर में लपटे कपड़े, उसके बिस्तर पर फैले थे। मुझे सामने देखकर डर गई थी। उसने अपने हाथों को पीछे कर लिया था—छिपाकर—मिसेज़ ढिल्लन के लफ़्ज मेरे अंदर चीख़ रहे थे—

'क्या—क्या बात है पापा—'

वह चौकन्ना थी, उसकी नज़रें मुझसे पीछा छुड़ाना चाहती थीं। 'यह तुम्हारे हाथ में क्या है?'

'कुछ नहीं।'

'कुछ नहीं?'

'कुछ नहीं।

कुछ—लाओ दिखाओ।'

'नहीं पापा—'

'दिखाओ—'

'मैंने कह दिया ना, कुछ नहीं है पापा।'

बस ऐसे ही।

'लाओ दिखाओ। मैं गुस्से का मुज़ाहिरा करता हूँ। वह बिस्तर से छलांग लगाती है—यक़ीनन लव लेटर—इशारा से दिखाने को कहता हूँ। वह पीछे दीवार की तरफ़। मेरी तरफ़ मुँह किए हटती है—'

'नो—नो पापा—कुछ नहीं है, आप जाओ—'

'नहीं—लाओ—'

और—अब दीवार है। वह पीछे नहीं जा सकती। वह दीवार के पार नहीं हो सकती। मैं चीख़ता हूँ और वह चोर ख़त मेरे सामने खोल देती है—अंजली की आँखें बंद हैं। बदन थर-थर काँप रहा है। खुले हुए हाथों पर उसकी 'ब्रा' अचानक साँप के फन की तरह मेरे सामने तन जाती है—

'नहाने जा रही थी—'

'क्या—?'

वह उछली—बाप के सामने जवान होती उम्र के चुग़ली खाने का अहसास अच्छा नहीं लगा था। अंजली ने ब्रा को फिर से मुट्ठियों में जकड़ लिया था और बाथरूम में भाग गई थी—

मैं सर से पैर तक लरज़ रहा था। उसकी खुली मुट्ठी में जुगनू नहीं थे। तारे नहीं थे। मुहब्बत भरे खत नहीं थे—धमाका था—भूंचाल था। सनसनीख़ेजी थी—वह चीज़ थी, जिसके अहसास से ज़हन, बदन के खतूत नापने लगता है—

अंजली की खुली मुट्ठियाँ—अंजली की बंद आँखें—फिर अंजली का उछल कर भागना—

यह। यह क्या हो गया—क्या समझा होगा अंजली ने—कितना गिल्ट महसूस किया होगा—उसका ज़हन तनाव का शिकार है। रगें फट रही हैं—

मिसाइलें मुसलसल छूट रही हैं—

बदन। बारिश—शॉवर—और खुली हुई हथेलियाँ और खुली हथेलियों का चोर—मुझे कुछ करना होगा। अपने आपको शांत करने के लिए मुझे कुछ करना होगा—लेकिन क्या करना होगा।

अंजली। बदन। बारिश। शॉवर और खुली हथेलियों का चोर—मुझे कुछ करना होगा—

वात्स्यायन और अंजली

अंजली और वात्स्यायन—

मुझे कुछ करना होगा—

टहलता हूँ। तेज़-तेज़ साँसों को दिल के कबूतरख़ाने में जकड़ने की कोशिश करता हूँ—साँसों की लहरों को समझता हूँ। इतना तेज़ मत बहो—

क्यों—

मत बहो इतना तेज़—

अंजली बेटी है। दो एकम दो। दो दूनी—अंजली बेटी है—टहलते हुए अंजली की मेज़ तक आ गया हूँ—कितनी गंदी हो रही है मेज। मेज़ पर किताबें बिखरी पड़ी हैं—आँखें इन किताबों पर जमाने की कोशिश करता हूँ—

फ़िज़िक्स, केमिस्ट्री, अलजबरा—

मोटी-मोटी किताब के पन्ने मेरे हाथों का स्पर्श जज़्ब करते हैं। कितनी मुद्दत हो गई। अंजली को साथ पढ़ाने भी नहीं बैठा। कभी पूछा भी नहीं। दसवीं पास करने

के बाद क्या लिया—साईंस या आर्ट्स। बस कॉलेज और ट्यूशन के पैसे देता हूँ—और ये किताबें। फ़िज़िक्स, केमिस्ट्री, अलजबरा—मेज़ कितनी गंदी हो रही है। रोशनाई भी गिर गई है। मेज़ साफ़ कर रहा हूँ। फ़िज़िक्स, केमिस्ट्री—

अलजबरा—

अंजली की खुली हथेलियाँ और बंद आँखें ज़हन की 'रेटिना' पर फ्रीज हो जाती हैं। अंडर गार्मेंट्स, पैन्टी, ब्रा और—फ़िज़िक्स—

केमिस्ट्री—

पैन्टी ब्रा—

फ़िज़िक्स, केमिस्ट्री—

किताबों को क़रीने से सजा रहा हूँ—

ये अंजली की किताबें हैं और वह—अंजली के अंडर गार्मेंट्स।

फ़िज़िक्स, केमिस्ट्री, अलजबरा—

पैन्टी और ब्रा—

मैं वहीं कुर्सी पर बैठ गया हूँ। उनमें पर फ़र्क़ क्या है। किताबों और कपड़ों में, दोनों अंजली के हैं—

अंजली मेरी बेटी है—

किताबें मेज़ पर सजा सकता हूँ तो बेटी के अंडर गार्मेंट्स छूते हुए बदन में ज़लज़ला क्यों आ जाता है—

बाप के पवित्र ज़हन में कहीं कोई एक चोर दरवाज़ा भी होता है क्या—?

इस चोर दरवाज़े से होकर बेटी लड़की बन क्यों नहीं जाती है?

फ़िज़िक्स—केमिस्ट्री—

कैमरा पैन होता है। सुर्ख़ टाइल्स।

बाथरूम—की दीवारें। सुर्ख़ बेसिन। बाथ टब—

एक बार फिर शॉवर के पास ही, हैंगर से झूलते अंजली के अंडर गार्मेंट्स—पैन्टी और ब्रा—

फ़िज़िक्स, केमिस्ट्री—अलजबरा—

मिड शॉट क्लोज़ में, मैं हूँ। मैंने हाथ बढ़ा दिया है और यह क्या मेरे हाथों से साँप के फन गायब हो गए हैं—क्लोज़ में मेरा हँसता हुआ चेहरा—डिज़ाल्व—

अंजली कपड़े बदल कर कमरे में आ जाती है—सजी हुई मेज़ को पसंदीदा नज़रों से देखते हुए मुस्कराती है—

'आइ म प्राउड ऑव यू माई पापा, तुमने मेरी मेज़ साफ़ कर दी—'

'क्यों मैं ऐसा नहीं कर, सकता क्या?'

'नहीं, मैंने ऐसा नहीं कहा...' अंजली गड़बड़ा गई है

'नहीं तुमने कहा...मगर, क्यूं कहा?' मुझे शरारत सूझ रही है

'मेरी सहेलियों के पापा ऐसा नहीं कर सकते।'

'क्यों नहीं कर सकते।'

'बस नहीं कर सकते। इसलिए की वह मेर पापा नहीं हैं।'

वह उछल कर अपनी बाहें मेरे गले में डाल देती है। 'आई लव यू पापा'

फ़िज़िक्स, केमिस्ट्री–अलजबरा–

मैं मुस्कराता हूँ। उसको अपनी बाँहों में लेता हूँ।

'अंजली मेरी बेटी, तुम अपनी माँ से कितनी मिलने लगी हो।'

'माँ से?' वह हँसती है। मुस्कराती है।

'इसलिए प्यार हो रहा है। मुझमें माँ आ गई है।' अंजली प्यार भरी नज़रों से मुझे देख रही है...

वक़्त ने यह मंज़र यहीं फ्रीज़ कर दिया है–

बेटी

खौफ़

बेटी बाप से डरती थी। इसके विपरीत माँ को अपना दोस्त समझती थी।

माँ बेटी से डरती थी। इसलिए कि बेटी दिनो-दिन ताड़ ज़ितनी लम्बी हुई जा रही थी...

बाप को बेटी से बिल्कुल डर नहीं लगता था। इसलिए कि बाप व्यस्त रहता था। इसलिए कि बाप का ज़्यादा वक़्त अपने कारोबारी क़िस्म के लोगों के पास गिरवी रहता था...और इसलिए बहुत थोड़े से वक़्त में, जो बाप अक्सर बेटी के लिए चुरा लिया करता था, और बाप यह लम्हे अपनी बेटी के साथ ही गुज़ारना पसंद करता था। यह और बात थी कि यह लम्हे साल में कभी-कभी ही बाप को किस्मत से मिलते थे...।

बेटी की मुट्ठियों में रातें दबी होती थीं...

बेटी की मुट्ठियाँ अक्सर तनहाई में खुल जाया करती थीं...और नीले आसमान से उतरी रातें जैसे उसमें समा जाया करतीं—

फिर ये रातें चुपके-चुपके उसे छेड़ा करती थीं...

'—सुनो...'

—वह जैसे नशा में डूबी आँखें लिए किसी और दुनिया में गुम हो जाती। नीले आसमान से उतरी रातों में शोख़ियाँ समा जातीं...।

'—अब तुम वैसे नहीं हँसती हो, जैसे...'

"—जैसे?"

"—हाँ अब तुम वैसे, पहले की तरह नहीं रहती...जैसे।"

"—जैसे..."

"तुम बहुत बदल गई हो—क्या नहीं—ज़रा अपने आस-पास की हवाओं को देखो—बागों को, दरिया में हौले-हौले तैरती कश्तियों को...कश्तियों के खुले हवा में, लहराते बादबान को। फूलों को। खुशबू को...अपने चारों ओर उठी इमारतों को। और अपने आस-पास मंडराते भौंरों को..."

'भौरों..., वह चौंक गई।'

नीले आसमान में उतरती रातें अचानक सहम गई थीं।–"सब कुछ नया है ना–? बिल्कुल तुम्हारी उम्र के घोड़े जैसा, ईरानी घोड़े जैसा। शुक्र करो कि अभी इस बारे में तुम्हारे घर वालों को पता नहीं है।"

"फिर क्या होगा–?"

"वहाँ एक सोया-सोया सा डर जाग जाएगा और..."

"–और क्या?"

"–घर वालों की आँखों ने अभी तुम्हारे जिस्म की सरगोशियाँ नहीं सुनी हैं। फिर–फिर वह अचानक बेचैन हो जाएंगी–और तुम–क़ैद करदी जाओगी।"

रात का सन्नाटा–गहरा सन्नाटा–

बेटी ने होले से झूलते हुए, झूले पर से एक फूल तोड़ लिया।

फूल बालों के गुच्छा में खोंसा। और लहराती हुई किसी ख़्याल में गुम हो गई।

तेज़ी से आते हुए बाप ने यह दृश्य देख लिया था।

बाप उल्टे पाँव वापस लौट गए थे।

बाप हैरान से आईने के सामने खड़े थे–

बाप को अपने ज़माने का 'ज़माना' याद था। बाप को सब कुछ याद था। लेकिन दुनिया, 'स्टेट्स सिम्बल', पैसों के लिए भाग दौड़ में उलझे बाप के पास से भावनात्मक आँखें, आहिस्ता आहिस्ता गायब होने लगी थीं। पुराने दृश्य बाप की यादों से फिसल कर ग़ायब होने लगे। लेकिन बाप उस लम्हा, अचानक बेटी, जूड़े और फूल को देख कर चौंक गया था। वर्षों पहले इस दृश्य की ज़द में कोई और था–

सरसराती हवा हिलते हुए पेड़, झूला, झूले पर बैठी हुई एक लड़की। झूलते झूलते लड़की के हाथों में एक फूल आ जाता है और फूल...

बाप ने इस दृश्य को वहीं फ्रीज़ कर लिया।

बाप फिर उस लड़की को घर ले आया–बीवी बनाकर–

फिर बाप, ज़माना, स्टेट्स सिम्बल और पैसा कमाने वाली मशीन का गुलाम बन गया। बाप हैरान था–

"तो क्या बेटी?..."

बाप को आश्चर्य था। लेकिन अभी तो...गीली-गीली 'फलियाओं' के दृश्य तो आँखों को अभी भी सुहाने हैं। नन्हें नन्हें हाथ पाँव, 'तोतली बातों की पिचकारियाँ। वह गोद में उठा लेता–भालू बन जाता–और कभी घोड़ा–बेटी को जंगल पसंद था। और जंगल में रहने वाले–लेकिन बाप के पास जंगल में खोने का वक्त कहाँ था!

भालू, घोड़ा...बेटी रात-रात, सारा दिन बाप का इंतज़ार करती।

भालू, घोड़ा, जंगल...बाप अचानक इस जंगल में लौटा था–और हैरानियों की

बारिश लेकर वह बीवी के पास आखड़ा हुआ।

"तुम्हें पता है, हमारी बेटी अब–"

"–हाँ पता है।"

पता है? बाप चौंक गया था।

"–डरो मत–पिछले चार वर्षों से, चार वर्षों से उसका जिस्म मेरी आँखों की दूरबीन में है–ग़लत मत समझो–मैंने एक लम्हे के लिए भी उसे खुली हवा में साँस लेने का मौक़ा नहीं दिया है।"

'मतलब?'

बीवी हँसी–मतलब वह आधा हँसती है। आधा मैंने कब्ज़ा कर रखा है। वह आधा उड़ती है। आधी उड़ान मेरे कब्ज़े में है। उड़ान, हँसी, मुस्कुराहट, ख़्वाब–बड़े होने और मनमानी करने के शक में, मैंने एक आधा जिस्म उसके पास रहने दिया है और आधा–

बीवी हँस रही थी–

बीवी अपना ज़माना भूल गई थी–

बीवी ने फिर पलट कर उसकी तरफ़ नहीं देखा। जैसे बीवी को, उसके जवाब, उसकी दलील, किसी की भी ज़रूरत नहीं हो–।

बेटी हैरान थी–जैसे बहुत से पलाश के फूल उसकी मुन्नी हथेलियों में समाकर रंग बन गए हों–फिर उसने आधे रंगों को अपनी हथेलियों से खुरच दिया हो–

"–तो इसका मतलब? बाप वर्षों बाद अपनी बेटी से शेयर कर रहा था–"

"हाँ–"

"–तो तुम आधा हँसती हो और आधा तुम्हारी माँ की तहवील में है–"

"हाँ–"

"–और तुम आधी उड़ान भरती हो–"

"हाँ–"

"–फिर तुम सुखी कहाँ रह गई–आधा-आधा–बड़े होने से उड़ने तक–बचपन से जवानी और जिस्म से आत्मा तक–घर से कॉलेज और कॉलेज से घर तक–आँखों से मुस्कुराहट और मुस्कुराहट से ख़्वाब तक–"

"हाँ"

–तुम्हें पता है–तुम एक हसीन जिन्दगी का सिर्फ़ आधा लुत्फ़ ले रही हो–एक बेहद हसीन काइनात के सिर्फ़ आधे हिस्से को तुम्हारी आँखें छू रही हैं जबकि...

बाप बोझल था।

बेटी निगाहों से ज़मीन खुरच रही थी–

"तुम ने प्रेम किया है–?"

वापस लौटने से पहले बाप के शब्द नपे-तुले थे–"प्रेम आधा नहीं होता–प्रेम मुकम्मल होता है और बेशक तुम उम्र के उस हिस्से में हो, जहाँ तुम्हें प्रेम के एहसास से...यानि मेरा मतलब तुम समझ रही हो नां–!"

बेटी लम्बी चुप लगा गई थी–

लेकिन बेटी को बाप में पहली बार एक दोस्त नज़र आया था–

बाप की बातें उस रात बहुत देर तक बेटी के कानों में गूँजती रहीं। वह हैरत करने वाली बातें थीं–किसी भी बाप के मुँह से पहली बार इस तरह की बातें उसके कानों में गूँजी थीं। वह उन शब्दों का ज़ायक़ा अभी भी महसूस कर सकती थी...

"तुम सुन रही हो ना और तुम्हें एहसास होना चाहिए...बाप का लहजा कुछ-कुछ बर्फ जैसा सर्द था–" यानी दुनिया कहाँ जा रही है। और दुनिया कहाँ तक जा सकती है। वर्ल्ड ट्रेड सेन्टर और पेन्टागन में उठते हुए शोलों, ख़ौफ़ और एन्थ्रेक्स से अलग भी एक रास्ता जाता है–प्रेम का रास्ता। हम प्रत्येक सभ्य वर्ष के खातमे के बाद अपने लिए एक एन्थ्रेक्स का ख़ौफ़ तलाश कर लेते हैं। है ना कितनी अजीब बात–इस सभ्य दुनिया में ऊँची-ऊँची इमारतों के दरमियान हमें डरने के लिए छोड़ दिया जाता है। और तुम अपने आपको देखो लड़की–तुम्हारा चेहरा कैसा हो रहा है। यानी सच पूछो तो कितनी डरी सहमी दिखाई दे रही हो तुम?

"हाँ, मैं डर गई हूँ।"

बाप चुप थे–बाप ने सिर्फ इतना पूछा–

"अपने आप से–?"

"हाँ–"

"अपनी बढ़ती उम्र से?"

"हाँ–"

बाप के हाथ खिलौनों की तरह अपनी उँगुलियों से खेलते रहे..."क्यों डर जाते हैं हम–एन्थ्रेक्स वह नहीं है, जो हर बार वर्ल्ड वार के खतरे से पैदा हो जाता है। यह कुछ और भी है–" बाप के हाथ खेलते-खेलते ठहर गए थे। लेकिन तुम्हें–बेटी! सुन रही हो ना तुम...तुम्हें डरने की जरूरत नहीं–लेकिन क्या करोगी–सब डरते हैं–जैसे तुम्हारा चेहरा देख कर लगता है, तुम अपनी माँ से भी डर रही होगी। माँ, जो बीवी बनने तक एक ख़ूबसूरत दुनिया में जीती है और माँ बनते ही एक क्रूसीडर, एक तानाशाह उसके अस्तित्व में पनाह लेने लगता है–

बाप ने नज़र नहीं मिलाई। सिर्फ़ इतना कहा–

'तुम्हें अपनी माँ से डरना नहीं चाहिए, अपनी माँ को समझाना चाहिए।'

माँ

बेटी अचानक बड़ी होने लगी थी। और उसके बड़ी होने के ख़तरे को माँ ने भाँप लिया था। माँ कमांडोज़ की तरह बेटी के पीछे पड़ गई थी। कहाँ जा रही हो तुम। नहीं फोन तुम्हें नहीं सुनना है—इतनी देर तक किस से बातें कर रही थी?! माँ कभी-कभी उसे शिकारी की तरह घेर कर बैठ जाती। माँ एक दार्शनिक की तरह नन स्टाप शुरू हो जाती...और अपनी हर गुफ्तुगू में माँ इतनी उबाऊ, इतनी बोझल बातें करती नज़र आती कि वह अन्दर ही अन्दर एक अजीब से दुख का शिकार हो जाती। उसे, बस यह उलझन घेर लेती कि माँ अपना ज़माना भूल गई है या माँ —कभी बेटी थी ही नहीं—

"—देखो तो बद्दन पर कितना गोश्त आ गया है।"

—ज़्यादा सोना लड़कियों के लिए ख़तरनाक होता है—चरबी बढ़ जाती है।

—डाइटिंग—डाइट कन्ट्रोल—बॉयल—सब कुछ बॉयल खाना है तुम्हें—

माँ की हर बात पर अन्दर अन्दर वो बॉयल्ड होती चली गई—कभी माँ एक छतनार दरख़्त की तरह लगती, जिसके साये में उसकी ज़िन्दगी सुरक्षित है।

लेकिन कितनी सुरक्षित है?

माँ क्या चाहती है, यह आहिस्ता-आहिस्ता उस पर खुल हो रहा था—यानी माँ उसे दुनिया की नज़रों से बचाए रखना चाहती थी। एक बेहद ख़ास मौक़े के लिए—बेहद ख़ास—जैसा उसकी माँ ने सोच रखा था—एक बड़ी तपस्या और—एक दिन अचानक उस छोटे पौधे को ख़ास जगह में रख देना।

यानी माँ के लिये, उसके बड़े होने का 'अमल', सब कुछ सोची समझी स्कीम के मुताबिक हो रहा था—माँ उस में अपने भविष्य, को तलाश कर सकती थी, यानी एक ऐसे ब्राईट फ़यूचर को जहाँ उसके साथ, माँ की तक़दीर भी खुल सकती थी।

'आह, तुम नहीं जानती!'

या फिर—"आह, तुम्हारे लिये मैंने क्या क्या सोच रखा है, नादान लड़की,"—माँ के इन जुमलों का मतलब था—देखती रहो। तुम्हें सिर्फ़ इशारे समझना है और चलना है। बस इस से ज़्यादा नहीं—

माँ ने बहुत ज़्यादा उसके बारे में सोच रखा है। माँ उस से कहीं ज़्यादा उसके बारे में सोच सकती थी। लेकिन बेटी, जैसे हर बार मासूम चिड़िये की तरह उड़ते-उड़ते वह किसी खौफ़नाक गिद्ध को देख लेती...

डायट कन्ट्रोल—लेकिन नतीजा के गौर पर क्या प्राप्त हुआ था...आँखों में पड़े गहरे 'हलक़ों' में ख़्वाब कहीं गुम हो गए थे...किसी मख़्मली फर्श पर कैट वॉक करने वाले उसके पाँव थरथराने लगे थे...माँ उसे लेकर इन्सटिट्यूट ऑफ मेंटल हेल्थ एण्ड सर्विसेज गई थी।

डॉक्टर मोना बुरा सा मुँह बना कर बोली थी। तुम लड़कियाँ—खाने को दुशमन क्यों बना लेती हो—

उसने माँ को देखा। माँ ने बेटी का हाथ दबा दिया—

'एनूरेकसिया—वज़न में कमी...डाक्टर मोना ने बुरा सा मुँह बनाया। कैलशियम और फासफोरस की कमी से क्या होता है जानती हो—हारमोन डिस बैलेंस हो जाते हैं...और एमीनोरिया समझती हो ना? पिरियड रुक जाता है। फिर कुछ भी हो सकता है। औरतें बाँझ हो सकती हैं—'

'बाँझ'—बेटी दुख गई है। ज़िन्दगी से कैलशियम और फ़ासफोरस तो माँ ने ले लिए हैं...वह सचमुच डिसबैलेंस हो गई है। नहीं, उसने संतुलन खो दिया है। वह लड़खड़ा रही है। वह कभी भी गिर सकती है...वह जैसे एक ठूंठ पेड़ है—बाँझ—अमीनोरिया की शिकार—

"एक दिन जब तुम खुद को देखोगी तो—डाक्टर तो बोलते ही रहते हैं।"

उसने देखा। माँ की सूखी पड़ी झील को। लेकिन यह क्या...इस झील में कोई है...कोई है, जो कैट वॉक कर रहा है।

"कौन है?"

वह इस चेहरे को पहचान सकती है।

अरे यह चेहरा तो उसके खुद का चेहरा है। लेकिन यह चेहरा इतना मुरझाया हुआ क्यों है?

पहली बार बेटी ने अपना जायज़ा लिया था। अपने जिस्म में वह कितनी है। अपनी आत्मा में? अपने वजूद में और...अपने आप में...।

उसने माँ और बाप दोनों को अपने-आप में रख कर देखा। फिर संतुष्ट हो गई। बाप को वक़्त कहाँ था। और माँ—आत्मा से शरीर और शरीर से अस्तित्व तक माँ ने किसी भी हिस्से को उसकी अपनी आजादी के नाम नही किया था—आधा भी नहीं। वह मुकम्मल माँ के क़ब्जे में रही थी।

इसलिए पहली बार बाप की बातों में उसे एक दोस्त नज़र आया था। दोस्त, जिसके सहारे वह अपनी जंग लड़ सकती थी।

बाप

लेकिन बेटी अभी भी संतुष्ट नहीं थी। या फिर बाँझ होने का डर उसके अन्दर कुछ ज़्यादा ही बैठ गया था। बाँझ—औरत के लिए सब से बड़ी गाली—एक ऐसी गाली, कमोबेश बेटी जिसका सामना करने को तैयार नहीं थी—वज़न कम करने के लिए वह अमीनोरिया की पेशेन्ट बनने से खुद को रोकना चाहती थी। वास्तव में बेटी, बाप को आज़माना चाहती थी। शायद इसीलिये, किसी एक मजबूत लम्हा, वह

चुप-चुप बाप की आगोश में सर छपाकर बैठ गई। बाप आहिस्ता-आहिस्ता उसके सर पर हाथ फेरते रहे–"मैं कुछ भी कर सकती हूँ।" थोड़ी देर बाद बेटी के होंठ हिले।

"हाँ"

....कुछ भी,

'तुम्हें शक क्यों है?'

...शक नहीं–माँ कहती है, लड़की पैदा होते ही अपना पिंजरा ले आती है।

बाप हँसा–लेकिन तुम से पहले तुम्हारी माँ इस पिंजड़े को तोड़ चुकी थी। उसने लव मैरिज की थी।

...माँ कहती है, इसके बावजूद हम पिंजड़े में रहते हैं।

बाप ने व्यंग्यात्मक अन्दाज़ अपनाया। "पिंजरे में पंछी भी नहीं रहते अब।"

बेटी के होठों पर मुस्कुराहट नमूदार हुई। तो मैं कुछ भी कर सकती हूँ। उड़ सकती हूँ। बाहर जा सकती हूँ। डिस्को, थीएटर और–

बाप ने उसे गौर से देखा–बेटी के कन्धे थपथपाये फिर बोला–"सुनो बेटी। ग़ौर से सुनो–तुम पैदा हुई, हम ने सुख तलाश कर लिया। ढेर सा सुख : जो तुम्हारे रोने से हँसने तक, किलकारी से समझने तक, बोलने से शरारत तक, खड़े होने, गिरने से उँगलियाँ थामने और चलने तक–यानि तुमने जो दिया या जो तुम हर लम्हा देती रही वह किसी ख़ज़ाना से भी ज़्यादा था–हम तोल मोल नहीं कर सकते। बाप को तोल मोल करना भी नहीं चाहिए कि इस ज़िन्दगी में बच्चा अपने वजूद के एहसास तक जो सुख देता है, वह उम्मीद के ख़ज़ाने से ज़्यादा होता है, है ना?"

बाप को शायद अपने बाप की कहानी याद आ गई थी। अचानक वह ठहर गया था। बेटी के होंटों पर मासूम मुस्कुराहट थी।

'इसलिए बेटी, बाप ने अपनी गुफ़्तगू जारी रखी। इसलिए अब, जब तुम अपनी जवानी की ज़िन्दगी शुरू करने जा रही हो, समझ रही हो ना। अपनी अब की ज़िन्दगी तो इस ज़िन्दगी पर सिर्फ और सिर्फ तुम्हारा हक है। अपने हिस्से का सुख हम ले चुके हैं। और इसके बाद के सुख पर...

"तो पिंजरा..."

बाप लड़की के बड़ा होने के एहसास से दुःख गया था–'पिंजरा कोई भी अपने साथ नहीं लाया था। और सुनो बेटी। अब तुम बड़ी हो गई हो। अपने हिस्से का ख़्वाब, खुशियाँ, उम्र, रोना हँसना सब कुछ अपनी मम्मी से वापस माँग सकती हो। और बेशक तुम्हारी मम्मी को तुम्हें ये सब वापस कर देना चाहिए–'

इसके बाद बाप ठहरे नहीं–बाप को आँखों में उमड़ आए आँसू दिखाना गवारा नहीं था। बाप वापस लौट गये थे।

हसीन शामें

फिर बेटी ने उड़ना शुरू किया–

बेटी को माँ के पिंजरे पर यक़ीन नहीं था।

बेटी को किसी भी ऐसे पिंजरे पर यक़ीन नहीं था–

बेटी को सिर्फ और सिर्फ उड़ने पर यक़ीन था।

पहली बार जब वह रात को देर तक डिस्को क्लब से घर लौटी तो माँ उसके कमरे के दरवाज़े पर आकर खड़ी हो गई। माँ के हाथों में एक टूटा हुआ पिंजरा था।

'आह, तुम्हारे बाप जीत गए'

'और इसलिए तुमने पिंजरा तोड़ दिया।'

'हाँ–इस पिंजरे में एक–सी-गल' था। उस सीगल की कहानी सुनोगी?

'मुझे कहानियाँ अच्छी नहीं लगतीं।'

माँ संतुष्ट थी–कोई बात नहीं। तुमने अपने लिए रातें चुनीं और रात से इन्टरनेट और डिस्कोथेय बना लिया। हैना, फिर भी तुम्हें यह कहानी सुननी होगी।

उसने नाइटी पहन ली–

माँ की कहानी जारी थी। "बेचारा नन्हा सा सी-गल, शाम में जब दूसरे पक्षियों के पंख, उड़ान से खाली हो जाते तो वह अपनी उड़ान शुरू करता...पागल कहीं का। थोड़ी-थोड़ी उड़ान और एक दिन..."

'तुम यह कहानी पहले भी सुना चुकी हो...'

माँ ने जैसे ध्यान नहीं दिया–एक दिन जोनाथन, यही उस सी-गल का नाम था। वह उड़ा और अपने नन्हे पंखों से आसमान नाप लिये...उसकी खुशी की इन्तहा न थी। इतनी उड़ान तो उसके पूर्वजों में भी किसी ने आज तक नहीं भरी थी...उसे यक़ीन था। वह वापस लौटेगा और उसकी ताजपोशी होगी। सर आँखों पर बैठाया जायेगा। पुरस्कार दिया जाएगा।

'पुअरफेलो'–बेटी आहिस्ता से बोली।

माँ की आँखें बन्द थीं–'लेकिन उस ग़रीब को क्या मालूम था, धरती पर वापस लौटते ही, ज़रूरत से ज़्यादा उड़ने के जुर्म में उसे...'

माँ की आँखों में आँसू थे–

बेटी ने सर पर चादर खींचने से पहले कहा। 'जो उड़ते हैं वह किसी भी चीज़ की परवाह नहीं करते–'

इसके बाद बेटी ने भी परवाह नहीं की। माँ हार गई थी। बाप उसके साथ थे।

अब बेटी उड़ सकती थी। अब बेटी उड़ रही थी।

इन्टरनेट पर चैटिंग से बरामद लड़के ने डिस्कोथेय में, अचानक उसके सामने

आकर उसे आश्चर्यचकित कर दिया था—

फिर बेटी की रातों में 'टूएटर्स' की लातीनी हसीन शामें लिख दी गईं। पहली बार वह उदास थी।

लड़का जोर से चीख़ो था—'क्राय!'

वह फिर ज़रा सा हँसा—चीख़ों, चिल्लाओ, नाचो, भूल जाओ कि उम्र के घोड़े की रफ़तार क्या है। आगे क्या है और पीछे क्या है—

—'भूल गई'

वह देर तक नाईट स्पाट पर थिरकते रहे। लांज में कुछ देर 'डाम मोरिस' की 'पोएटरी' का लुत्फ़ लिया। फिर कुछ देर तक टुएटर्स की आर्ट गैलरी में हाथ में हाथ डाले टहलते रहे—बेटी खामोशी से कमरे की पीली छतों, नीली दीवारों और पेंटिंग्स की आड़ी-तिरछी लकीरों को घूरती रही। वापस आकर नाइट स्पाट पर दोनों ने एक-एक पैग और लिया। रेस्तूरां की डिम लाईट में 'चिल्ड' यानि हर तरह के प्रोग्राम चल रहे थे—बेटी ने अपने जिस्म को पूरा-पूरा भार लड़के के बदन पर डाल रखा था। 'अतालवी' खाने से फारिग़ होकर दोनों ने एक दूसरे को रेस्तूरां की डिम रोशनी में चलने वाले 'चिल्ड प्रोग्राम' के हवाले कर दिया—

रात गहरी हो गई थी। बेटी अभी तक घर नहीं लौटी थी। माँ ने कमरे में टहलते हुए कहा।

...'दुनिया बदल रही है'

"दुनिया हमेशा एक जैसी रहती है?"

—'हमारे ज़माने की दुनिया और थी।'

"इस ज़माने की दुनिया भी वही है"

—'क्या हम इस तरह रात गए...'

'पहले हमारे शहर ने इस तरह रात पर कब्ज़ा नहीं किया था।'

माँ वबराहट में टहल रही थीं—

बाप संतुष्ट था। वह अपनी फ़िक्र में डूबा था। यानि इस उम्र में जबकि उसकी बीवी को कोई टेनशन नहीं लेना चाहिए...वह आहिस्ता से मुस्कुराया—

...'बेटी को उसके हाल पर छोड़ दो।'

'क्यों?'

...'क्योंकि अब उसकी आज़ादी का दौर शुरू हो गया।'

'आज़ादी?'

...'हाँ, एक उम्र आती है, जब हमें एक दूसरे को नये सिरे से समझना होता है। समझ रही हो ना—यह वह वक़्त होता है, जब बच्चे अपनी उम्र के रथ पर सवार हो जाते हैं। बैठो—'

माँ, बाप के सामने बैठ गई।

बाप ने उसे अपनी बाँहों के घेरे में लिया—"अब हमारी एक नई ज़िन्दगी शुरू हो रही है। बेटी की अपनी—इस उम्र को समझना बड़ा काम है—नहीं समझोगी तो बूढ़ी हो जाओगी—"

माँ डर गई थीं—

बाप हँसे—"बच्चों की आज़ादी में अपना हिस्सा नहीं होता। बेटी अपनी आज़ादी से बंधी है। वह सम्भलती है या गिरती है, यह उसका काम है। हम नहीं सम्भले तो? या बच्चे और अपने बीच एक दीवार नहीं उठाई तो...?...हम अचानक बूढ़े हो जाएगें।

'लेकिन...वह बेटी है—'

'हमारा काम ख़त्म'। बाप का लहजा सख्त था—जितनी खुशियाँ, जितने सुख उस से हासिल करने थे, हम कर चुके।

'और अब उसे गिरने के लिये...'

बाप संतुष्ट था—यह उसकी समझदारी पर निर्भर है, बाप ने फिर विषय बदल दिया था—कल से दफ्तर का काम काम कम कर दिया है। जल्दी घर आ जाया करूँगा। सुबह की चाय ख़त्म। नाश्ते में...

माँ अब कुछ भी नहीं सुन रही थी—

खुले दरवाजे से बेटी अन्दर आ गई थी—

बेटी की जुल्फें बिखरी हुई थीं—

बेटी की आँखें...

बेटी के पाँव...

बेटी का जिस्म...

बाप ने माँ की आँखों पर हाथ रख दिया...सो जाओ। उसने अपनी आज़ादी खरीद ली है।

माँ ने सहमे हुए मेमने की तरह खुद को बाप के हवाले कर दिया।

अंत

पाठकों!

कहानी का अंत हो चुका है। या आप कह सकते हैं, कहानी को यहीं पर समाप्त हो जाना चाहिए था। ऐसी कहानियाँ हर तब्दीली और इतिहास के जब्र के साथ पैदा होती रहती हैं—ज़िन्दगी ने अपना दामन बड़ा किया तो लड़कियों के लिये सोच और फ़िक्र के नए दरवाज़े भी खुल गए—यानी इतिहास के उस मक़ाम पर, जहाँ लड़कियाँ आज़ादाना अपने पाँव पर खड़ी हैं, ऐसी कहानियों का अन्जाम यही होना चाहिए कि

—लड़की ने अपनी एक आज़ाद ज़िन्दगी का चयन कर लिया।
—लड़की फिसलती चली गई और आख़िर उसकी ज़िन्दगी का अंत हो गया
—लड़का उसे छोड़ गया और लड़की ने आत्महत्या कर ली।

पाठकों,

ऐसा कुछ भी इस कहानी के साथ नहीं है। इसलिये, जैसाकि मैंने पहले कहा, इतिहास के इस मोड़ पर—इस बेहद अहम मोड़ पर—बेटी अचानक चौंकती है। जैसे किसी डरावने ख़्वाब से जागती है। और कई दिन घर से गायब रहने, शरीर की भूंख समझने के बाद, एक अंधेरी सुबह—जिस वक़्त सड़क पर इक्का दुक्का सवारियाँ भी नहीं चल रही थीं, वह अपने घर के दरवाज़े पर पहुँचती है। और—बेल पर अँगुली रखती है—

तो पाठको! यह इस कहानी का अन्त है—और इस अन्त के लिये मैं अपने-आपको कितना मजबूर महसूस कर रहा हूँ, यह मैं जानता हूँ।

बेटी की आँखें आधी नींद में डूबी थीं। क़दम लड़खड़ा रहे थे। बाहर कोहरा छाया हुआ था। उसका बदन अभी भी 'अतालवी' जिन के धुँए से भरा था। सर्दी बढ़ गई थी। बेल बजाने वाले हाथ सर्दी से ठिठुर गए थे। उसे गुस्सा आ रहा था सब कहाँ मर गए। बेल की आवाज़ सुनकर खोलने के लिये कोई आता क्यों नहीं—उस ने कदमों की आहट सुनी—

'आज़ादी...' उसे बाप के शब्द अब भी याद थे—'अपने हिस्से का सुख़ हम ले चुके हैं और उसके बाद के सुख़ पर...'

वह बाप से लड़ाई करने आई थी—नाईट स्टॉप की रंगीनियाँ अचानक थम गई थीं—डिस्कोथेय के 'क्राय-क्राय' गीतों नें उसे लहूलुहान कर दिया था। चैटिंग से बरामद लड़के ने उसके बदन पर हज़ारों खूनी लकीरें खींच दीं और एक नेपाली लडक़ी के साथ किसी दूसरे टुएटर्स के चिल्ड प्रोग्राम में खो गया था।

बेटी नींद से जागी तो माँ का पिंजरा टूटा हुआ उसके बाजू में पड़ा था—वह चीख़ना चाहती थी—वह लड़ना चाहती थी। पैसे ख़त्म हो गये थे—वह कई दिनों से घर से गायब थी।

उसे उम्मीद थी। घर पहुँचते ही, भावनात्मक दृश्य के मुज़ाहिरे शुरू हो जाऐंगे। शायद बाप ने पुलिस में एफ.आई.आर भी दर्ज की हो। माँ की आँखें रोते-रोते सूज गई हों और...

एक बेहद सर्द सुबह। कोहरे में डूबी हुए सुबह—वह घर—पहुँचेगी और...

'कैल्शियम फ़ासफोरस'...माँ बोलेगी, 'वह उसे एक बेहद ख़ास मौक़े के लिए तैयार कर रही थी।'

बाप कहेंगे '—तुम कहाँ चली गई थी बेटी' और माँ—वह उस भावनात्मक लम्हें

की मुन्तज़र होगी, जब वह उसके बाजुओं में गुम हो जाएगी...

कोई आ रहा है—क़दमों की आहट—बेटी का जिस्म सर्दी से थरथरा रहा है। दरवाज़ा खोलने की आवाज़—बाप ने लाईट आन कर दिया है। दरवाज़ा खोलने वाली माँ है। लेकिन...

क्या यह माँ है। सचमुच माँ है। माँ है तो माँ जैसी क्यों नहीं लग रही। माँ अपनी उम्र से कितनी छोटी हो गई है—छुई-मुई सी—उसके चेहरे पर बेटी को लेकर भविष्य के ख़तरे या फ़िक्र की झुर्रियाँ नहीं हैं। यह कोई और ही माँ है। तरोताज़ा। अभी अभी जवान हुई। और लिबास तो देखो—रेशमी साड़ी। चेहरे पर इतना निखार—

पीछे बाप खड़े हैं। हमेशा की तरह स्मार्ट—इस वक्त कुछ ज़्यादा ही जवान

माँ की आँखों में हैरानी उमडती है...

'कौन?'

बाप की आवाज़ में नशा सा है...

'कौन?'

'4 स्कीम पार्ले, माऊण्ड रोड से ज़रा आगे, थर्ड लैन-मिस्टर आई.जे.के... रेसीडेन्स नम्बर—कहते कहते वह ठहर गई है—एक ज़माने में यहाँ उनकी बेटी रहती थी—'

माँ ने प्यार से दरवाज़ा बन्द करते हुए जवाब दिया

'आप को ग़लत फ़हमी हुई है—अब वह यहाँ नहीं रहतीं।'

बेटी ने अनजाने रास्तों पर ठिठुरती हुई कोहरे की उस सुबह, अपने क़दमों को डालते हुए माँ का जुमला पूरा किया—

'क्योंकि उसने अपनी आज़ादी ख़रीद ली है। अब वह कहीं और रहती है।'

सदी को अलविदा कहते हुए...

(1)

"लेकिन इसका हल क्या है?"

पापा की आँखों में उलझन के आसार थे। लहजे से ज़ज़्बात ग़ायब। चेहरा ज़रा सा सिकुड़ गया था। माँ के रवैये में खोखली क़िस्म की सख़्ती थी।

"आने वाले मेहमान को आने ही न दिया जाए...यानी..."

ये एक दो टूक फैसला था।

"लेकिन क्या रिया तैयार हो जाएगी?"

पापा के मार्डन होने की आज़माइश अभी भी बरक़रार थी।

अचानक पैदा होने वाली इस नयी सूरते-हाल में अलग-अलग सतह पर तीनों ही जकड़ गए थे। माँ, पापा और रिया!

(2)

रिया उन बच्चों में से नहीं है जो कुछ दिनों पहले तक इस्मत चुग़ताई तक की कहानियों में मौजूद हुआ करती थीं। अल्हड़, शरारती, गुड्डे-गुड़ियों का खेल खेलती, धागे सुई से उँगलियाँ छेदने वाली, हवा के दोश पर लहराती, उड़ती हुयी, शादी ब्याह में मिरासिनों के बीच ढोलक पर ताल देती हुई, किसी नन्हें मुन्ने बच्चे को गोद में लपकती हुई, जिस पर बड़ी-बूढ़ियाँ आवाज़ भी कसतीं..."अरे, अभी तो तुम खुद ही बच्ची हो, बच्चा हाथ से छूट गया तो...।"

मगर इस बात का एक दूसरा पहलू भी है। इसे हम यूँ भी कह सकते हैं कि रिया उन बच्चियों में से एक है, जो कुछ दिनों पहले तक हमारी कहानियों में मौजूद हुआ करती थीं। इस्मत पुग़ताई तक की कहानियों में, शर्म से आँचल का कोना दाँतों में दाबे हुए या हिरनी की तरह कुलाँचे भरने वाली, ख़रगोश जैसी नर्म और फुदकने वाली, टपू...से किसी बात पर आँखों में आँसू ले आने वाली, छत पर पतंगों के मौसम में पेंच लड़ाने वाली और किसी पसंद आ जाने वाले लड़के पर सौ-सौ जान से फ़िदा होने वाली, उसे चुपके-चुपके तन्हाई में ख़त लिखने

वाली...किसी के आने की आहट से डर जाने वाली...लेकिन क्या रिया सचमुच ऐसी लड़की थी...?

क्या रिया के बारे में ऐसा कहा जाना सही है? शायद नहीं (यहाँ एक क़ल्मकार की हैसियत से मैं अपना ऐतराज़ दर्ज करना चाहूँगा)...। रिया, दादी नानी से चिपकी, तिलिस्माती कहानियाँ सुनने वाली रिया नहीं है। ये रिया आज में जन्मी है। इस बदले हुए वक्त में (और बतौर क़ल्मकार फिर मैं हस्तक्षेप के लिये माफ़ी चाहूँगा) कोई वक्त आज की तरह नहीं है। अच्छा बुरा कहने वाला मैं कौन होता हूँ...।

लेकिन इन तीन करोड़ बरसों में या शायद जैसा अब है। कोई रिया ख़रगोश जैसी नर्म और हिरनी की तरह कुलाँचें भरने वाली नहीं हो सकती...।

(3)

तब रिया छोटी थी। एक सपना देखा था उसने। बहुत से घोड़े हैं। और एक अँधेरी सुरंग, घोड़ों की आँखों पर पट्टियाँ बंधी हैं। घोड़े बेतहाशा भाग रहे हैं।

"मैंने ऐसा क्यों देखा कि घोड़ों की आँखों पर पट्टियाँ बंधी हैं?" रिया की आँखों में सवाल थे।

"क्या वो घोड़े उड़ रहे थे?"

"हाँ, हवा में उड़ रहे थे।"

"खूब मज़बूत थे और जवान थे?"

पापा मुस्कुराते हुए उसकी तरफ मुड़े। क्योंकि ये तुम थीं रिया। इतना तेज मत भागो। घोड़ों की आँखों पर पट्टियाँ इसलिए बंधी थीं कि वे सुरंग की दीवारों से टकरा न जाएँ।

(4)

वो कालोनियों में जन्मे थे और अपनी तहज़ीब अपने साथ लाए थे। वो ब्रांडों की दुनिया से थे या पैदा होते ही ब्रांड बन जाते थे। वह अपनी अपनी चारदीवारी में कैद थे या कहना चाहिए अपने अपने बेडरूम में, अपने-अपने ड्राइंगरूम में वो एम.टी.वी. कल्चर के साथ अपना सफ़र शुरू कर रहे थे।

मान लो कोई कहता है कि...(जर्मन साहित्यकार हरमन हैसे के लफ़्जों में) एक चिड़िया अंडे से जन्म लेने वाली है। अंडा कायनात (ब्रह्माण्ड) है। जो जन्म लेना चाहता है। उसे एक दुनिया को तबाह-व-बरबाद करना पड़ेगा।

पाठको! माफी चाहूँगा। इस कहानी का अंदाज दूसरी कहानियों जैसा नहीं है। हो भी नहीं सकता। जैसे हम सिर्फ इस बात से मुतमईन नहीं हो सकते कि ये दुनिया बदल रही है। सिर्फ बदल रही है; कहने से चिड़िया और अंडे का वह तसव्वुर सामने

नहीं आता। इसलिए कि चिड़िया अंडे से बाहर निकलने के लिये जद्दो-जेहद कर रही है और अंडा दुनिया है। जन्म लेने वाले को इस दुनिया को तोड़ना होगा।

और जैसा कि 'हैसे' ने 'डोमियान' में सिंक्लेयर को बताया...पुरानी दुनिया का पतन नज़दीक आ रहा है। ये दुनिया नयी शक्ल ले लेगी। इसमें से मौत की महक आ रही है। मौत के बग़ैर कुछ भी नया नहीं होगा। जंग होगी। तुम देखोगे कि चारों तरफ़ कैसा तूफान मचा है। लोगों को मज़ा आएगा। एक जैसे जीवन से! ऊब कर लोग मार-काट शुरू होने का इंतज़ार कर रहे हैं। दर-अस्ल नयी दुनिया की शुरुआत हो चुकी है। और ये बात उनके लिए भयानक होगी जो पुरानी दुनिया से चिपके हुए हैं।

तो पाठको! ये कोई बहुत खुशी की ख़बर नहीं है। 31 दिसम्बर की रात, जब घना कोहरा आसमान पर छाया हुआ था। हाथ को हाथ दिखाई नहीं दे रहा था। अपने-अपने कमरों, होटलो, बार और डिस्को-थेक में बंद लोग नये साल के इस्तक़बाल के लिए जश्न की तैयारी कर रहे थे। बीसवीं सदी के अंत के इस घने कोहरे ने मिस्टर अर्जुन दैत्याकार और उनकी मार्डन बीवी रमा दैत्याकार को ये ख़बर सुनायी थी कि उनकी चौदह वर्षीय बेटी रिया एक बच्चे की माँ बनने जा रही है।

(5)

पहले ये 'दुनिया' वैसी नहीं थी। ज़ाहिर है, हमारी कहानी की हीरोइन रिया के पापा अर्जुन दैत्याकार को इस दुनिया के लिये जद्दो-जेहद करनी पड़ी थी। पहले सब कुछ थोड़ा-थोड़ा सा था उनके पास। थोड़ी सी आरज़ू, थोड़ी सी ख़्वाहिश, थोड़ी सी ज़मीन थोड़ा सा सोशलिज़्म। पहले थोड़े से सपने थे फिर ये यकायक बड़े होने लगे। ठीक उनके नाम की तरह दैत्याकार। कम्प्यूटर के छोटे-छोटे पार्ट, पुर्ज़ों से अपना काम शुरू किया था। हाँ, शायद उससे पहले तक अतीत की 'फ़्लापी' में जो कुछ भी था वो "डीलीट" किया जा चुका था। हाँ, उसके बाद नये हालात और नये मौसम ने जो 'फ्लापियाँ' बनायी थीं, मिस्टर दैत्याकार ने उन्हें ज़ेहन में महफ़ूज़ कर लिया था। ऐसी ही एक 'फ़्लापी' में मिस्टर नीलाम्बर भी क़ैद हैं। मिस्टर नीलाम्बर जी पी.सी.एल. कम्पनी के 486 मॉडल कम्प्यूटर माहाना किश्तों पर बेचने वाली कम्पनी में किसी अहम ओहदे पर फ़ायज़ थे और रिया को एक जगह पार्टी में देखकर (ऐसा दैत्याकार का ख़्याल था) दोस्ती का हाथ बढ़ाया था या कहना चाहिए, घर में भी आना-जाना शुरू कर दिया था। जो शुरू के दिनों में मिस्टर दैत्याकार को पसंद नहीं आया था और इन बातों को मिस्टर दैत्याकार ने सिर्फ़ इसलिए गवारा किया था कि नीलाम्बर की दोस्ती से उन्हें अपने बिजनेस में फ़ायदा मिलने की उम्मीद बँध गयी थी।

नीलाम्बर की दोस्ती ने चाहे कुछ और न किया हो, लेकिन उनके अंदर दबे

हुए ख़्वाबों क़ी फुलझड़ी में माचिस की एक जलती छोटी सी तीली सुलगा दी थी।

नीलाम्बर की नौ दौलतिया लोगों से दोस्ती थी। वह उनसे मिल कर आता तो काफ़ी नयी-नयी मालूमात फ़राहम करता। जैसे...मिस्र की सैर करना चाहिए, दरियाए-नील में...कश्ती बानी, जबल सेना पर चढ़ाई। इसी से मालूम हुआ कि 'हवाना' सिगार पीने का एक अलग ही मज़ा है। 'कोहबा' रोमियोजूलीयट, बोलियो, एन्ड पंच जैसे ब्रांड पीते हुए कोई भी रईस आपकी तरफ मुतवज्जो हो सकता है। जैसे न्यूयार्क में, "बाल्थ-ज़ार" में लंच या डिनर करना या फिर मैनहट्टन के मिराक़शी रेस्तराँ "चे ज्यादह" में अपनी मन पसन्द चीज़ें खाना, मसलन आपके पास पुरानी शराब 'इस्प्रिंग/बैक' हो जो किसी भी शौक़ीन रईस को पसंद हो सकती है, और पहनावे के लिये डिज़ाइनर टोम फ़ोर्ड के डिज़ाइन किये गए बैग, जूते, पोशाक या बेल्ट आपके पास हों। यानी नीलाम्बर के पास आइडियल के रूप में ऐसी ज़िन्दगी थी जिसे दौलत की घन-गरज़ से ही खूबसूरत बनाया जा सकता था। मसलन बिरादरी में रौब जमाना हो तो बच्चों को लेज़ल्स के ज़रीए स्वीटजरलैण्ड के "बरूए" में चलाए जाने वाले शिविरों में छुट्टियाँ मनाने भेज दीजिए। हो सके तो अपनी बीवी को भी और यहाँ अपनी मन पसन्द चाहने वाली के साथ किसी बी.एम.डब्लू. या लक्सेस, बहुत तेज़ रफ़्तार टारगा कैरियर पोंश या एवस एस फोर एक्स इस्टेन में ज़िन्दग़ी के मज़े लीजिए।

दैत्याकार को उन दिनों शक हुआ था। कहीं तुमने भी अपनी बीवी को अपने बच्चों के साथ...?

नीलाम्बर 'हा-हा-हा' करके हँसा ज़रूर, लेकिन दैत्याकार को नीलाम्बर की आवाज़ इतनी दबी-दबी और मुर्झाई लगी जैसे उसी के अल्फ़ाज़ में, किसी नौ दौलतिए के 'बैंकाक' या 'स्वीस' में रखे खातों के बारे में सी.बी.आई को जानकारी मिल गयी हो। दूसरे शब्दों में क्रिस्टल कासर बुकारा (जुआरियों के ज़रिए खेले जाने वाले ताश के पत्तों का एक खेल) में बाज़ी हाथ से निकल गयी हो।

शुरू-शुरू में दैत्याकार को एहसासे जुर्म सा हुआ था, यह सब कुछ अच्छा नहीं लगता है। वो बार-बार यहाँ क्यों आता है?

तुम्हें क्या उलझन है...? रमा किसी मनोवैज्ञानिक की तरह मुस्कुराई थी। उसका हर शब्द नपा तुला था।

"तुम्हे बस मुझ पर शक नहीं करना चाहिए। वो अगर बेवकूफ है तो उसे रोकने की बेवकूफ़ी तुम्हें नहीं करनी चाहिए। अब जो ज़िन्दगी तुम्हारे हिस्से में आ रही है वो पहले तुम्हारे पास नहीं थी। मेरी बात समझ रहे हो न, और इस तब्दीली में थोड़ा सा हाथ इस सन आफ़ बिच नीलाम्बर का भी रहा है। वो हर बार कुछ न कुछ दे ही जाता है। हीरे, जेवरात...और बदले में अगर तुम्हारी बीवी की तारीफ़ करता है तो सुनो दैत्याकार! मुकम्मल तौर से बिज़नेसमैन बनो। इफ़ यू वान्ट टू अचीव.

..सम थिंग। इन लाइफ...कुछ बातों को इग्नोर करना सीखो...।

अच्छी या बुरी, सही या ग़लत, जो भी हो। इस 'हादसे' के बारे में जो अंदाज़े लगाए जा रहे थे, उस की शुरूआत इसी "तर्क" से हुयी थी। या नीलाम्बर के शब्दों में न्यूयार्क की किसी भीड़-भाड़ वाली सड़क पर रश ड्राइविंग करती उसकी गाड़ी अचानक एक साथ बहुत-सी गाड़ियों से टकरा गयी थी।

(6)

बचपन में वह रिया से किसी बात पर नाराज़ हो जाता तो रमा उसे ख़ामोश कर देती...।

"बच्चों को एक आज़ाद दुनिया चाहिए। इस छत के नीचे।"

दैत्याकार ख़ामोश हो गया। लेकिन रिया को दी जाने वाली आज़ाद दुनिया के पीछे उसे बार-बार ये एहसास होता रहा कि उसकी अपनी दुनिया छिन रही है। या ये कि सबकी अलग-अलग दुनिया बन रही है। उसकी रिया की और रमा की। कभी देखता, नन्हीं मुन्नी रिया तेज़ म्यूज़िक सिस्टम पर ऐरोबिक्स करने में मसरूफ़ है। या किसी कमरे में नीलाम्बर, रमा को गुप-चुप कुछ समझाने में लगा है। और एक बहुत समझदार बीवी की तरह रमा उसे रोककर खड़ी हो जाती है।

हम आगे बढ़ते हैं तो उससे भी आगे निकल जाती हैं हमारी ख़्वाहिशात!

यहाँ एक सुन्दर सी दुनिया थी जो रमा की आँखों में समायी हुयी थी, ग्लैमर से भरपूर, वो रिया के सामने होती तो दैत्याकार को डर सा लगता कि वो रिया को कुछ सपने दिखा रही होगी या खुद सपने देख रही होगी। आँखों में उतरी हुयी एक अंधेरी सुरंग और हिनहिनाते, आँखों पर पट्टी बाँधे, दौड़ते घोड़े...।

दैत्याकार को रिया का वो सपना हमेशा याद रहा...हाँ, घोड़ो की कल्पना मात्र से ही बार-बार, वो जोनाथन स्विफ्ट के घोड़ों से तुलना को करने लगता...तुम हो क्या? इन्सान!

'ये तुम्हारे दुबले-पतले हाथ पाँव...मुझे देखो...देवताओं की सवारी...घोड़ा किसी शासक की तरह गुलाम और कमजोर इन्सान के सामने गर्व से तन गया था. ..दैत्याकार को एहसास है कि घोड़ों के मुक़ाबले में इंसान कुछ भी नहीं है। एक लाचार, बदक़िस्मत सपनों पर जीने वाला।

नीलाम्बर हँसता हुआ कहता है। "हम. रिमोट कल्चर के लोग हैं। घर में बहुत से लोग हैं। तो सब अपने-अपने प्रोग्राम अलग-अलग चैनलों पर देखना चाहते हैं। सोनी पर प्रोग्राम पसंद नहीं आया तो रिमोट का बटन दबाकर ज़ी लगा दिया। ज़ी पसंद नहीं आया तो एम.टी.वी., 'स्पोर्ट्स', एम.टी.वी. और रिमोट तो है न...शौहर पसन्द नहीं आया तो शौहर बदल दो...बीवी पसंद नहीं आई तो...।"

"बच्चों का क्या करें...रिमोट से बच्चे नहीं बदले जा सकते?"

दैत्याकार पूछता है। नीलाम्बर अचानक चुप हो जाता है।

(7)

मगर नहीं, अर्जुन दैत्याकार की यही मज़बूरी है। वो सिस्टम के साथ भी रहता है। और क़दम-क़दम पर उसे रिजेक्ट भी करता रहता है।

सिस्टम का साथ न दे तो अँधेरा है। सपनों में हिनहिनाने वाले घोड़े किसी अंधी सुरंग में खो जाते हैं। साथ देने पर मजबूर हैं तो...कुछ-कुछ अंदर से कुरेदता है। यानी एक सतह पर या जिस सतह पर वो सिस्टम को मंजूरी देता है। वहीं उसकी मुख़ालिफत में अपने ज़मीर का क़त्ल भी करता है। या क़त्ल की कोशिश। दर-अस्ल वो एक ज़िन्दगी (हम उसे दुख से भरपूर नहीं कहेंगे) गुज़ारने के लिये मज़बूरी है...संघर्ष की कूवत उसमें नहीं है।

जैसा कि दैत्याकार ने सोचा था, अपनी जद्दों जेहद के दिनों में एक रुमानी दुनिया, एक खूबसूरत ज़िन्दगी...और इसलिए सोचा था, कि तब तक, बंद-बंद से क़स्बाती माहौल में भी तंगी और बंदिशों के बावजूद, पूरी तरह मोहब्बत के लिए वक़्फ़ एक हसीन कायनात हुआ करती थी। दुख-सुख का संगम, उस के वालिदैन, फिर उनके वालिदैन, फिर उनके अड़ोस-पड़ोस, चाचा-चाची, ताऊ। ज़िन्दगी के दामन में रोमानी, नज़्में यूँ पसरी होतीं जैसे आसमान में तारे...।

तब सूरज-सूरज था, ज़मीन-ज़मीन थी, आसमान-आसमान था। तब चाँद की चाँदनी छिटकी हुयी थी, तारों सितारों की मन-भावन कहानियाँ हुआ करती थीं। पेड़ों के नीचे फ़ितरत या फ़ज़ा की नर्म आग़ोश हुआ करती थी।...छत पर पलगें बिछी होती थीं...उन पलंगों या ख़ाटों से क़िस्सों-दास्तानों का मेल होता था...।

तब फूल थे, खुश्बू थी...तब जज्बात भी थे।...तब दुख और सुख का फ़ितरी एहसास था...और अब इस कालोनी कल्चर में, एक दरवाज़े से टकराते दूसरे दरवाज़े, दूसरे से तीसरे...इन हज़ारों दरवाजों में से कोई चाँद नहीं झाँकता। कोई चाँदनी रात, तारों भरा क़ाफ़िला...खाटों पलंगों से जन्म लेने वाली बेबाक दास्तानें...।

दैत्याकार को लगता है...बच्चों से फ़ितरत या फ़जा नहीं, ज़िन्दगी छिन गयी है। वो बच्चे थे तो बच्चों जैसा सोचते थे। बच्चे जैसे नजर आते थे मगर क्या... रिया को आप बच्चा कहेंगे?

"रिया अभी भी बच्ची जैसी नज़र आती है?" रमा की आँखों के कँवल मुर्झा गए थे।

"बच्ची है तो बच्ची जैसी ही..." लेकिन दैत्याकार 12 वर्षीय रिया को देखते हुए डर गए थे...नहीं रिया तो जवान हो गयी है।

"नहीं..." रमा के लहजे में आक्रोश था। मैं यही कह रही हूँ कि...उसे बच्ची जैसी नहीं दिखनी चाहिए।

"लेकिन क्यों?" दैत्याकार के लहजे में डर कोंद गया था।

"क्योंकि बच्ची लगने में उसका नुक़सान है। उसका कैरियर उसका भविष्य?"

दैत्याकार के अंदर बैठे बाप ने मोर्चा संभाला...।

"बारह साल की उम्र के बच्चे पढ़ते हैं। बारह साल में भविष्य कहाँ से आ गया?

इसलिए कि...।"

रमा के होट जकड़ गए थे। "जो गलती हमसे हुयी, हमारे बच्चों से नहीं होनी चाहिए...इसलिए कि यही उम्र है जब...।"

दैत्याकार डर गया था।

"डरो मत मैं जो करूँगी, रिया की भलायी के लिए करूँगी।"

"लेकिन तुम करोगी क्या? क्या रिया को जवान कर दोगी...उसके भविष्य के नाम पर...।"

दैत्यकार को लगा, रमा इस व्यंग्य पर हँस पड़ेगी। मगर वो गम्भीर थी।

"हाँ, मैं उसे जवान कर दूँगी...।"

"पागल हो गयी हो...?"

"नहीं...मैंने फैसला कर लिया है। मैं रिया को हारमोन्स के इन्जेक्शन दिलाऊँगी।"

दैत्याकार तभी चौंका था जब पहली बार रमा ने ग्लैमर वर्ल्ड का नाम लिया था। मॉडलिंग, कम उम्र अदाकारों की बेबाक ज़िन्दगियाँ...एक बार नीलाम्बर ने हँसते-हँसते पूछा था। फिल्मी दुनिया की अक्सर हीरोईन अपने बाप को और बाप का घर क्यों छोड़ देती हैं? हँसते-हँसते नीलाम्बर ने ताज़ा-ताज़ा ममता कुलकर्णी की मिसाल पेश थी। दैत्याकार को लगता है। बाप अपनी-अपनी सहन-शक्ति का इम्तहान देते-देते हार जाते होंगे। फिर यहाँ तो बाडी फिटनेस, ज़िहानत और खुलेपन का हर रास्ता गलैमर वर्ल्ड तक जाता है। ब्यूटी क्विज़, मिस इण्डिया, मिस वर्ल्ड, मिस यूनीवर्स...दुनिया के सामने बेटी का खुला हुआ जिस्म और नंगी-नंगी पिंडलियों पर नज़र डालते हुए माँ-बाप को यक़ीनन गर्व होता होगा।

(8)

ये उन्हीं दिनों का हादसा है। जब नीलाम्बर को ऊँचा उड़ते-उड़ते अचानक ठोकर लगी थी। नीलाम्बर...की कम्पनी अपने प्रोडक्ट्स की माँग घटने से परेशान हो रही थी। फैसला ये लिया गया कि घाटे में चलने वाली कम्पनी ही क्यों न बंद कर दी जाए। इससे मोटी तनख़्वाह पाने वाले नीलाम्बर जैसे एक्ज़ीक्यूटिव अचानक

ही रिटायर कर दिए गए। जैसे अचानक बुलंदी से गिर कर ज़मीन पर आने का एहसास होता है। उस दिन नीलाम्बर के होठों पर एक तरह की कँपकपी थी...।

"उसे रोको...वो बहुत तेज़ उड़ रही है...।"

"लेकिन अब...शायद देर हो चुकी है।" ये दैत्याकार नहीं एक लाचार बाप का लहज़ा था...।

"कुछ करो... नीलाम्बर का लहज़ा खौफ़ज़दा था...अनजाने में इस लड़की ने अपने लिये एक गैस चेम्बर चुन लिया है। तुम समझ रहे हो न, उसका दम घुट जाएगा। पहले डिस्को-थेक, फिर बार, हारमोंस के इन्जेक्शन...रिया का अगला पड़ाव कंडोम भी हो सकता है...उसे रोको...।"

दैत्याकार के अंदर एक ऐसी बे-कैफ़ उदासी छायी हुयी थी, जिसे तोड़ने के लिए ये सख़्त लफ़्ज़ 'कन्डोम' भी कारगर नहीं था...वो देख रहा था कि इस लिबरलज़्म या कन्ज्यूमर कल्चर ने तो रिया को हारमोंस के इन्जेक्शन लेने से पहले ही जवान बना दिया था।

वो सब कुछ आँख मूँद कर देखने को मज़बूर था। ये भी कि पुरानी दुनिया का पतन हो रहा है। चिड़िया अंडे से बाहर निकलने के लिये संघर्ष कर रही है.. .उसे मौत की बू आ रही थी...मौत के बग़ैर कुछ भी नया नहीं होगा...। लोगों को जंग से तोहफ़े में मिली है सनसनी ऽऽ चाहिए। ...सनसनी...शायद नयी दुनिया की शुरूआत हो चुकी है...और ये शुरूआत उन जैसों के लिए भयानक है। जो अब तक पुरानी दुनिया से चिपके हुए हैं।

(9)

इस बीच कई मामूली किस्म के हादसात होते रहे...जैसे 'माडलिंग' के लिए रमा ने एड़ी चोटी का ज़ोर लगा दिया...जैसे नीलाम्बर ने धीरे-धीरे घर आना बंद बर दिया...जैसे रिया चुपचाप रहने लगी। लम्बी गहरी उदासी, जो किसी सदमे से जन्मी हो या जो डिप्रेशन के मरीज़ के लिए आम बात है...इस लंबी गहरी उदासी के पीछे वो मुसलसल रमा की शिकस्त देख रहा था। उसे यक़ीन था कि दुनिया गोल है लेक़िन ये यक़ीन नहीं था कि रमा औरत की योनि में कभी वापस भी आ सकती है। या तो ये मुकम्मल शिकस्त थी या उस हादसे का वह आख़िरी पन्ना, जहाँ नींद की कई गोलियाँ निगल कर रिया ने खुदकुशी की कोशिश की थी...।

तो क्या चिड़िया अंडा तोड़ कर बाहर निकल आयी थी...?

ये अर्जुन दैत्याकार के लिए खुद की समीक्षा का वक्त था। लेकिन एक लरज़ा देने वाला दृश्य बाक़ी था। रिया को होश आ चुका था। लेकिन अभी उसकी मेडिकल रिपोर्ट आना बाक़ी थी...।

लेकिन उसमें क्या निकल सकता है, ये रमा की आँखों में पढ़ा जा सकता था।

सारे घर में जैसे कायक ठंडी लहर दौड़ गयी थी। एक धुंध थी जिसने चेहरों के दरमियान अंजानेपन की दीवार उठा दी थी।...एक चीख गूँजी...कुछ टूटने की आवाज़ आयी...दैत्याकार और रमा भागते हुए आये तो...सामने-अपने दरवाजे पर रिया खड़ी थी। कपड़े तार-तार, आँखें अंगारों की बारिश करती हुयी। उसके हाथ में आधी टूटी हुई सोडा वाटर की बोतल थी।

...चेहरे पर एक अजब तरह का तनाव, जो गुस्से से जन्मा था। रिया बहुत ज़ोर से चिल्लायी।

"क्या जानना चाहते हैं आप लोग...ज़ियादह तंग करेंगे तो...।"

दैत्याकार जानते थे, फिल्में और फ़िल्मों की हिंसा कुदरती अंदाज़ में बच्चों के दिमाग पर अपना असर डालते रहते हैं। सर्द कुहरे में जैसे उन के जज्बात भी सर्द हो रहे थे। तब बस एक दिन बाद नए साल की शुरूआत होने वाली थी। या पुराने साल के आख़िरी दिन उन्हें एक चौंका देने वाली ख़बर मिलने वाली थी।

या...एक नयी शुरूआत थी चिड़िया को अंडा तोड़कर बाहर आ निकलना था।

(10)

कैसे हुआ ये सब? दैत्याकार सवालों के अंदर जाते-जाते ठहर जाते। क्या ये सब इस वक्त के अंधेरे का सच है। आज़ादी के समय का आदर्शवाद, लोहिया की सोशलिज्म...फिर ये 'इज़्म' कितने तबक़ाती गिरोहों में बँटा था। भूमंडलियकरण, कन्ज्यूमर इज्म, घोटलावाद। कहीं एक आदर्शवाद की ईंट भी रख दी गयी...क्या कहेंगे हम इस पीढ़ी को...एम.टी.वी. कंडोम पीढ़ी...अदम असुरक्षा-भावना से ग्रस्त बाहरी आज़ादी के लुत्फ़ का नाटक करते हुए। अंदर-अंदर गहरी उदासी में डूबे, तनाव में, संघर्षरत् जैसे किसी भयानक धोखाधड़ी के शिकार हुए हों या जैसे खुद को ग़ैर महफूज कर रहे हों, मगर किससे?

एक भगेडू या महाजिर कल्चर में रचे बसे बच्चे। इस तनाव से नजात पाते हैं तो अगले कदम पर जुर्म रास्ता रोके हुए मिलता है। रिया की वो खूनी आँखें...वो मज़बूत नहीं, वो तो बहुत कमज़ोर हैं। लम्हें में खुदकुशी जैसे फैसलों में ज़िन्दगी का सच ढूँढन वाली। हर प्रकार की हिंसा की शिकार...आँखों में जुनून लिए किसी भी तरह के 'हैजान' के नाम कुर्बान हो जाने वाली नस्ल...लेकिन इस नस्ल को, इस सम्त में लाने वाला कौन है? हर नस्ल अपने पहले वाली नस्ल से कुछ न कुछ असर लेने पर मजबूर है। तो क्या दैत्याकार के भीतर से वो सेक्यूलर, लिबरल किरदार वाला व्यक्ति सिर्फ एक प्रतीक और मिथ था, जिसका असर लेकर रिया मजबूरन इस पवित्र अध्याय को लिख़ने पर मजबूर हुयी है।

...घोड़े हिनहिना रहे हैं। घोड़ों की आँखों पर बँधी पट्टियाँ खुल रही हैं...घोड़े दूर तक फैली अँधेरी सुरंग के दरवाजों से टकरा सकते हैं...।

(11)

31 दिसम्बर, घर से बाहर दूर तक कुहरे की चादर फैली हुयी थी...बहुत कम वक्त बचा था, नये साल के आने में...लेकिन कभी कभी बाहर से पटाखों की आवाज आ जाती। ये ख़त्म होती हुयी बीसवीं सदी को अलविदा करने की आवाज़ें थीं...या नये साल के इस्तक़बाल की तैयारी। एक सदी घने कुहरे में छुप रही थी। एक नयी सदी घने कुहरे से जन्म ले रही थी...मेडिकल रिपोर्ट एक नए जन्म की कहानी लेकर आ गयी थी।

"वो...अभी बच्ची है।"

"तुमने उसे हारमोंस के इन्जेक्शन लगवाए थे।"

"लेकिन...वो...अभी बच्ची है...।"

सर्दी से दाँत किटकिटाए...बाहर कड़ाके की सर्दी पड़ी रही थी। नए साल के आने के बावजूद एक लरज़ा देने वाला सन्नाटा...।

"अब क्या हो सकता है?" रमा के होंठ थरथराए थे...।

"इससे पहले भी उसके बारे में हर फैसला तुम ने किया है...इसलिए।"

"तुम्हारे अंदर फैसला लेने की कूबत नहीं थी...।"

"या...मैं अपनी बच्ची को हारमोंस के इन्जेक्शन नहीं लगवा सकता था।"

"मेरी आँखों में सपने पल रहे थे मेरा अभी शौक़ था कि दूसरों की तरह अपनी बच्ची को टेलीविज़न या परदे पर देखू।"

"फिर ये ख़याल क्यों छोड़ दिया।"

"क्योंकि..." रमा का लहज़ा बर्फ हो रहा था।

"वो मुझे 'आदमी' नहीं लगा...।"

"नहीं, वो भी आदमी था हमारी तुम्हारी तरह...।"

...दैत्याकार कुछ सोचकर उदास हो गया है...उस कम्प्यूटर की तरह बेकार और बेक़ीमत जिससे अच्छा प्रोडक्ट मार्केट में आ चुका है।

(12)

बाहर पटाखे छूटने शुरू हो गए हैं...शायद नये साल की आमद क़रीब है... वो जानता है बाहर कड़ाके की सर्दी के बावजूद हमेशा की तरह बच्चे, जवान खुशी और गर्मजोशी के साथ सड़कों पर निकल आए होंगे या अपने-अपने घरों में घड़ी की सुइयों के जुड़ने का इंतज़ार कर रहे होंगे।

रमा चुप है...वो एक अजीब सी सरगोशी सुन रहे हैं। अभी और भी इन्क़लाब बाक़ी है। आने वाले कुछ बरसों में बायोटेक्नालोजी और जेनेटिक इन्जीनियरिंग की दिशा में होने वाले इन्क़लाब...शायद अगले पड़ाव के तौर पर, हम नैनोटेक्नालोजी के युग में दाख़िल हो जाएँ। जुरासिक पार्क के डायनासोर से भी ज्यादा भयानक एक

नए अहद की शुरूआत...हर कुदरती और फ़ितरी चीज़ की आप एक नक़्ल बना कर रख सकते हैं। जैसे पेड़ों की बायोटिक नक़्ल...एक माइक्रोदरख़्त या 'माहौलियाती असरात' आप अपने कमरे में ला सकते हैं।

वो एक ठंडी साँस भरता था...लगातार होने वाले इन्क़लाब ने हमें 'बोनसाई' बना दिया है...।

"लेकिन इस का हल क्या है?"

रमा उसके चेहरे पर निगाहें जमाए हुए है। "रिया के बारे में तुमने क्या फ़ैसला किया...?"

मगर शायद वो अब कुछ भी सोचने की हालत में नहीं है। घड़ी की सुई एक दूसरे से जुड़ गयी है। बाहर पटाख़े छूटने की आवाज़ तेज़ हो गयी है। वो किसी रोबोट की तरह अपनी जगह से उठकर गेट की तरफ बढ़ता है। दरवाज़ा खोलता है। शायद नए साल के स्वागत में या बीसवीं सदी को हमेशा के लिए अलविदा कहने के लिये। बाहर की कड़कड़ाती ठंडक...आँखों के आगे दूर तक बिछी हुयी कुहासे की चादर। दूर तक धुँआ...धुँआ; कुछ बच्चों के हँसने, क़हक़हा लगाने की आवाज़ें भी आ रही हैं। शायद वो आपस में नाच गा रहे हों। आतिशबाज़ियाँ छोड़ रहे हों।

मगर दैत्याकार...सर्दी ने जैसे अपनी जगह पर उन्हें जकड़ लिया है...चिड़िया अंडा तोड़ कर बाहर निकल आयी है...या फिर...बगैर पट्टी के सुरंग में दौड़ने वाला घोड़ा दीवारों से टकरा कर लहूलुहान पड़ा है।

लैण्डस्केप के घोड़े

"नहीं, कृपया उस घोड़े के बारे में मत पूछिये" वह ज़ोर-ज़ोर से हँस रहा था। और जैसा कि मैंने कहा, कृपया आप विश्वास कीजिये। वह घोड़ा हा ऽ ऽ हा ऽ ऽ एक बहुत ही रोमांचक कहानी, और जैसा कि मैं हूँ। क्या आप मुझ पर विश्वास करेंगे। हाँ, आपको करना चाहिये। और वह घोड़ा अचानक कोरे कैंवास से छलांग लगा कर मेरे सामने आ खड़ा हुआ था -

काले चश्मा के अन्दर हुसैन की पुतलियाँ कुछ ज़्यादा ही ज़ोर में हरकत कर रही थीं। नहीं, मुझ से भूल हुई थी। किसी भी इंसानी आँख की पुतलियों में यह जोश मैंने कम देखा था। हुसैन की पुतलियाँ ठहरती नहीं थीं। 'वह शरारती कंचे की ग़ोलियों की तरह थीं। इधर से उधर चमकीले फ़र्श पर तैरने वालीं - और मुझे लगता है बातें करते हुए हुसैन इन पुतलियों को, सब की नज़र बचा कर, अपनी हथेलियों में थाम लेता है। जैसे, ऐसा करते हुए वह परेशान भी हो उठता है कि सामने बैठा हुआ आदमी, उसकी इस क्रिया को क्या नाम दे- परन्तु - कंचे की गोलियों की तरह, उसकी आँखों की शरारती पुतलियाँ और घोड़े...।'

शराब के दो एक घोंट के बाद ही वह भावुकता की हद तक भावुक बन जाता-

'मित्र! सब से बुरी ख़बर अभी लिखी जानी बाकी है।' वह उठकर कमरे में टहल रहा है। मुझे पता है। हुसैन को चढ़ गई है। चढ़ने के बाद हुसैन के अन्दर सम्भाल कर रखा हुआ बोझल आदमी मर जाता है। और एक भावुक और पागल आदमी जीवित होकर सामने आ जाता है-

'मित्र अभी सब से बुरी ख़बर लिखी जानी बाकी है। लेकिन ये बुरी ख़बर धीरे-धीरे लिखी जायेगी। और हो सकता है - हो सकता है - उसके लिखे जाने का संकेत दिया जा चुका हो -'

हुसैन अपनी कुर्सी पर वापस आकर बैठ गया है -

'क्या यह ख़बर तुम से जुड़ी है?' मैं हँसना चाहता हूँ। हुसैन को छेड़ने का मंशा है। परन्तु - हुसैन के अन्दर का आदमी दुख गया है -

"सब से बुरी ख़बर...सब से बुरी ख़बर का सम्बन्ध प्रेम से होगा मित्र!" सब

से बुरी ख़बर होगी कि प्रेम करने वाले नहीं रहेंगे। सब से बुरी ख़बर होगी, कि प्रेम में कुछ भी नहीं लिखा जायेगा...सब से बुरी ख़बर होगी।

हुसैन बहक रहा है।

मैं अपने दिल को समझाता हूँ। हुसैन जैसे बहुत देखे हैं। सच्चाई यह है। कि सारे पीने वाले हुसैन होते हैं। पीकर, स्वयं पर क़ाबू नहीं रखने वाले। अपने-आप को भूल जाने वाले। फिर - अन्दर का फ्रेस्ट्रेशन मज़े ले - लेकर आप को एक मूर्ख जोकर में बदल देता है। यानि जैसे आप आईना के सामने खड़े हों। और अपनी परछाई को देख कर अजीब-अजीब हरकतें कर रहे हों। अन्तर इतना है कि पीने के बाद आप अपनी अजीब-अजीब हरकतों के लिये तो बच जाते हैं लेकिन अपने आपको नहीं देख पाते - फिर बे सर पैर की कहानियाँ और फ़लसफ़े आरम्भ हो जाते हैं। और शराब का नशा 'हिरण' होने तक फ़लसफे - शैमपियन की झाग की तरह बह जाते हैं -

"लेकिन - सब से बुरी ख़बर -"

मुझे उस ख़बर ने चौंका दिया था। तो क्या इस आदमी ने, इस पच्चास-बाबन वर्षीय भावुक ख़बती आदमी ने भी प्रेम का रोग भी लगाया होगा - नहीं - मुझे विश्वास नहीं आ रहा था। इस पच्चास-बावन वर्षीय आदमी ने, एक बड़ा अनुभवी - परिपक्व और भावुक आदमी ने - सोचने के अन्तिम पल में, मैंने हुसैन से अपने दिल की बात पूछ ली थी।

'आप की सब से सुन्दर पेन्टिंग्स कौन है?'

'जो मैंने अब तक नहीं बनाई।'

उसकी आँखों की पुतलियाँ फिर कंचे की गोलियाँ बन गई थीं।

और जो कुछ हुसैन ने बताया

यह कहानी यूँ भी आरम्भ हो सकती थी कि एक तीस वर्ष का पेन्टर था। और एक दुबई या किसी अरब देश में रहने वाली लड़की थी। लेकिन हुसैन के लिये केवल लड़की होना, प्रेम के लिये काफ़ी नहीं था। और वह भी तब - जब एक आयु निकल जाने के बाद भी एक आयु आप में छुपी बैठी रह जाती है - यह पूछने के लिये - "कि मैं हूँ, तो मुझे जीते क्यों नहीं हो -"

'वह कैसे मिली?'

हुसैन के शब्दों में, पहली बार लगा, वह लड़की देखते-देखते मेरे साथ पेंटिंग में बदल गई। ऐज़ल, कैनवास, ब्रश, रंग उस पेंटिंग में सब कुछ था। लेकिन लड़की ग़ायब हो गई थी - लड़की की जगह...।

'घोड़े ने ले लिये थे।' मैं मुस्कुराया - दिल्ली की नुमाइश में उसकी जिस पेंटिंग की, मैं ने सब से अधिक प्रशंसा की थी, वह वही दो घोड़े थे। दो अति सुन्दर घोड़े,

ईरानी घोड़े, आपस में गले मिलते हुए। कागज़ के कैनवास पर पेंसिल की बारीक लकीरों से, उन दो घोड़ों ने जन्म लिया था।'

'क्या ये तुम हो, हुसैन?'

'आह, नहीं। परन्तु तुम क़रीब - क़रीब पहुँच रहे हो -'

'क्या उन में से एक घोड़ा भारतीय था और एक...।'

हुसैन ने बात बदल दी - 'नहीं। इस से पहले मैं नहीं जानता था। औरतें, मर्दों की कमज़ोरियों से किस हद तक वाक़िफ रहती है।। और शायद उसकी कमज़ोरियों से भी लाभ उठाने का प्रयास करती हैं। लेकिन शायद उन कमजोरियों को मर्द भी पहचानता है। मर्द अपनी कमज़ोरियों से वाक़िफ रहता है। उस समय भी, जब औरत उसकी कमज़ोरी का फ़ायदा उठा रही होती है। लेकिन आह! औरत कभी मर्द की उस ताकत को नहीं पहचान पाई, जिसके बारे में वह जान ले तो शायद औरतों की कोई समस्या ही न रहे - क्योंकि उनकी पहचान का एक रास्ता मर्द की ताक़त से भी होकर गुज़रता है...' हुसैन कहते-कहते ठहर गये थे -

"वह मेरे मित्र की बहन थी। और उस दिन मेरा दिल बार-बार कह रहा था, हुसैन कुछ होने वाला है...ये अन्दर के घोड़े की बेचैनी थी, जिसने, अपने इलाज के लिये मित्र डाक्टर का घर देख लिया था -"

मैं अपने उसी लिबास में था। कुर्ता-पाजामा। और जैसा कि मैं हमेशा पहनता हूँ। कुर्ता पर काले रंग की सदरी या बण्डी। आप जो भी नाम दें दें। कॉलबेल पर अंगुली रखते हुए भी हाथ लरज़ रहे थे।

और वह आई - वह सामने खड़ी थी - तसवीर शांत थी - वह मूर्त, मेरी उस पेन्टिंग में बदल गई थी, जो मैंने अब तक नहीं बनाई थी। क्या ये कोई क्यूपेड का तीर था? लम्हा रूक गया था। और पेन्टिंग शांत थी -

एक बहुत ही आम चेहरा, जैसा कि मैं हूँ। -

और एक बहुत ही ख़ास चेहरा, जैसा कि वह थी -

एक बहुत ही आम मर्द और बहुत ही खास सी लड़की -

हम दोनों दरवाज़े पर थे। एक दरवाज़े पर हाथ रखे दूसरा दरवाज़े के बाहर -

ख़ामोश उन क्षणों का जादू ऐसा था कि किसी हसीन पेन्टिंग की तरह मैं उसे आँखों के ऐज़ल पर क़ैद कर रहा था। बिखरी हुई ज़ुल्फें, आसमानी रंग की शलवार, क़मीज़ उसी रंग से मैच करता हुआ दुपट्टा, दुपट्टा हड़बड़ाहट में उसके कन्धे से होता हुआ सीने पर झूल गया था। 'दि वैनिस दि मिलो'। खूबसूरत औरत, और उसका सीना। वह दो 'कुब्बा नूर' 'रत्तन' - सचमुच वह अति सुन्दर थे और भरे-भरे। उसके होंट मोटे थे। मोटे होंट मेरी कमजोरी हैं। मोटे और रसीले - वह तो 'वैनिस दि मिलो' थी। लेकिन मैं क्या था - ?

वह मुझ में क्या देख रही थी -

मैं उस पर मुग्ध हो रहा था और चाहता था, वह अपने लिये मेरी इस कमज़ोरी को महसूस कर ले -

"आयु - आयु क्या होगी उसकी?"

इन जादूई खामोश क्षणों में, उसकी आयु की नाजुक सड़क से गुज़र रहा था। अठारह, बीस या अधिक से अधिक बाइस या आयु कहीं सरकश नदी की तरह ठहर गई थी। नदी बह रही थी। नदी पर जोश आया हुआ था। नदी पर कोई बांध नहीं था। नदी बिना बांध के तूफ़ानी लहरों का आवाज़ दे रही थी -

फिर नदी एकदम से ठहर गई।

वेनिस को अपने होने का अहसास हो गया था -

'देखिये।'

मैंने ठहर - ठहर कर कहा। "मेरी तबियत ख़राब है। इस समय भी बुख़ार से जल रहा हूँ। फुरक़ान मेरे मित्र हैं और आप के देश में मेरा सातवाँ दिन है। आने से पहले, पाकिस्तान से फुरक़ान से मेरी फ़ोन पर बात हुई थी- "

उसकी आँखों में नशा था। वह हिरण की तरह लहराई। नदी की लहरों की तरह घूमी। दुपट्टा को रेशम की डोरी की तरह नचाया - अपनी लम्बी गर्दन झटकी।

मुझे अन्दर आने के लिये जगह दिया - मुस्कुराई -

'आ जाइये। फुरक़ान मेरे बड़े भाई हैं।'

डॉ. फुरक़ान, पेन्टिंग्स और वह

वह बात-बात पर हँस पड़ता था। या यूँ कहिये उसे हँसने की बीमारी थी या यूँ कहिये, हँसना उसके लिये मरीज़ों को रिझाने का एक ढंग बन चुका था। मुझे विश्वास था, वह रात में सोते-सोते भी अकारण हँसता जरूर होगा। तो ये डाक्टर फुरक़ान था। मुझे आश्चर्य था, इतनी सुन्दर लड़की डाक्टर फुरक़ान की बहन कैसे हो सकती है। और उससे लगातार, बातें करने के दौरान मुझे यह भी ख़्याल पैदा हो रहा था, कि उस जैसे किसी डाक्टर को, यानि जिसका 'टार्चर...;' करने वाला पेशा उसके चेहरे पर भी लिखा होता है, की कोई बहन नहीं होनी चाहिये। बहन वह भी अति सुन्दर -

'हो ऽ ऽ हो ऽ ऽ हो ऽ' डाक्टर फुरक़ान फिर हँसा। तो अब भी तुम्हारी वही आदत है, यानि आड़ी तिरछी लकीरें। हो हो ऽ ऽ

वह हँस रहा था -

वह सामने आकर खड़ी हो गई थी। मुस्कुरा रही थी...

'तो आप पेंटिंग बनाते हैं!'

'हो ऽ ऽ हो ऽ ऽ, डाक्टर फुरक़ान को अपनी बेकार हँसी रोकना मुश्किल हो

रहा था -'

'आइये - आप से कुछ पेन्टिंग के बारे में बातें करते हैं' खड़े - खड़े उसने अपना हाथ आगे बढ़ाया। बहुत ही साफ़, लम्बी मख़रूती अंगुलियाँ। क्या ये वैनिस दि मिलो की अंगुलियाँ हैं। आज उसका दुपट्टा ग़ायब था - खुले गले से 'कुब्बा नूर' के जलवे लिये आज उसने मेरी लीन दृष्टि को रोका या टोका नहीं था। जी भर कर देखने दिया था। उसकी अंगुलियाँ गर्म थीं। हथेलियाँ आग का गर्म अंगारा बन गई थीं।

डाक्टर फुरकान हँस रहा था। "पेन्टिंग ऽ ऽ हो हो ऽ ऽ जाओ ऽ ऽ मेरी बहन इस विषय पर तुम से कुछ अधिक बातें कर सकती है...हो हो ऽ ऽ"

उसने हाथ थामे हुये, अपनी बहन को कुछ ऐसी नज़रों से देखा, जैसे आमतौर पर वह अपने रोगियों को देखता होगा -

उसकी आवाज़ सर्द थी। जैसे किसी गहरे कुऐं से आ रही हो।

'भैया ऐसे ही हैं। हमेशा से। यानि पूरे डाक्टर...'

हम बाल्कोनी में थे। प्लास्टिक की कुर्सियों के पास की जगह, एक छोटे से गार्डन का नमूना प्रस्तुत कर रही थी। जहाँ हम बैठे थे, वहाँ से आसमान पत्तों की क़तार से जगमगाता हुआ, कुछ ज़्यादा ही गहरा नीला हो गया था। उस ने नज़र झुका ली। बाऐं हाथ की अंगुलियों को दायें हाथ की अंगुलियों से थाम लिया। वह अपने नाख़ूनों पर लगी पॉलिश से खेल रही थी।

"सभ्यता ने आर्ट को जन्म दिया और आर्ट ने सभ्यता के लिये रास्ते बनाये। पहले सभ्यता पैदा हुई या पहले आर्ट? पहले बीज पैदा हुआ या पहले पेड़। मुझे लगता है, पहले - पहले Emotions रहे होंगे। भावुकता - दो आँखों, दो दरिया और दो दिलों के बीच - जैसे नदी में कंकरी फेंको। पहले-पहले किसी ने उस क़ंकरी की चीख सुनी होगी और चीख को 'पाषाण' वालों ने किसी पेड़ के खोखल या ज़मीन के माथे पर लिख दिया होगा। आर्ट पहले आया। और सभ्यता..."

उसने पत्तों वाले झूलते गुलदस्ते से एक पत्ता तोड़ लिया। "सभ्यता कितनी आगे निकल गई। 'स्टोन' कॉपर और आयरन ऐज़ के मानव ने अपने हर करिश्मा के लिये आर्ट को आवाज़ दी होगी? है ना! वह मेरी तरफ़ घूमी थी।

"तुम पेन्टर, औरत में क्या देखते हो?"

वह झुकी तो उसके 'कुब्बा नूर' के शोले अंगारों की बारिश करने लगे। उसने मुझे अपने जादू में तैरने दिया। थोड़ी देर ठहरने के बाद पुनः बोली। "तुम ने जवाब नहीं दिया। तुम लोग औरत में क्या ढूँढते हो। एक नंगा शरीर?"

वह मेरी आँखों में झाँक रही थी - "भरे - भरे बाजू, सुन्दर चिकने पाँव, जैसे एक चिकनी सड़क और..." वह मुस्कुरा रही थी -

फिर उसकी मुस्कुराहट कुछ ज्यादा ही गहरी हो गई।

'क्या तुम मुझे देखना चाहोगे?'

उसने मेरा हाथ थाम लिया। वह उठी। मेरा बदन लरज़ रहा था। उठते-उठते मैंने देखा, उसने झूलते गुलदस्ते से जो पत्ता तोड़ा था, उसके टुकड़े ज़मीन पर बिखर गये थे।

डा. फुरक़ान, मेरे होंठ थरथराये।

'नहीं। वह रोगियों को देखने जा चुके हैं। और शाम के 8 बजे से पहले लौटेंगे भी नहीं।'

वह मुझे अपने बेडरूम ले आई थी। आगे बढ़कर पश्चिम की ओर खुलने वाली खिड़की उसने बन्द कर दी। पर्दा खींच दिया। बल्ब जला दिया। मुझे सोफ़ा पर बैठने का संकेत किया। फिर मेज़ पर पुस्तकों के बीच से कुछ खोजने का प्रयास करती रही। फिर तेज़-तेज़ मेरे समीप आकर, एलबम से एक तस्वीर निकाल कर हँस पड़ी।

'पहचानो।'

तस्वीर में एक साल की बच्ची, नहाने वाली बाल्टी के पास खड़ी रो रही थी। एक औरत हाथ में पानी का मग लिये मुस्कुरा रही थी।

'ये मैं हूँ' उसने बच्ची की ओर संकेत किया। "और ये माँ है -" उसके चेहरे पर मासूम शरारत थी।

'देख लिया मुझे। इस बच्ची को एक पेन्टिंग में कितना बड़ा कर सकते हो। मेरे बराबर, फिर वह ये रही। या ये मैं बन गई?'

'इस बच्ची ने कुछ नहीं पहना है।'

'और मैं सवस्त्र हूँ'

वह हँस रही थी - निपुणता तो तब है। जब तुम इस बच्ची को रबर की तरह खींच कर, पेन्टिंग में डाल दो - डाल सकते हो -?

मुझे घबराहट हो रही थी।

'तो क्या ये मैं होऊँगी हुसैन। यानि, मैं जो अभी हूँ। या वह बच्ची होगी, जो इस तस्वीर में है और जो नहाने के नाम पर रो रही है - नंगी -'

'तुम यह बात किस तरह जानना चाहती हो?'

'पता नहीं।'

'इस बच्ची को यदि रबर की तरह खींचा जाए तो...' मैं बच्ची और उसके चेहरे को माप रहा था - बच्ची में तुम नहीं हो और तुम में बच्ची नहीं है -

इस बार मेरी बोली सख़्त थी - 'सुनो, प्रेम पुजारी। परीक्षा मत लो मेरी। पेन्टिंग की भाषा में ये दोनों अलग चेहरे और शरीर रखते हैं। तुम्हें छोटा करूँ तो अब की तुम, कल वाली उस बच्ची में प्रवेश नहीं कर सकती। और बच्ची को रबर की तरह

खींचूँ तो, यह तुम्हारी तरह आग नहीं बन सकती।'

'पेन्टिंग की भाषा छोड़ कर जीवन की भाषा में बात करो तो...?'

'बच्ची के साथ सेक्स का ख़्याल नहीं उभरता। और तुम्हारे साथ।'

उसने गर्म हथेलियाँ मेरे होटों पर रख दीं -

"कुब्बा नूर" को अब वस्त्र की आवश्यकता नहीं थी -

वह नाची, उछली, तड़पी और मेरे शरीर में समा गई -

यह पहले घोड़े से मेरी मुलाक़ात थी -

कमरे में टप - टप बारिश रूक चुकी थी।

"वर्षों पहले मोहन जोदाड़ो की खुदाई से...तुम्हें याद है...सफ़ेद चादर में उसके हिलते पाँव ने मेरे नंगे पाँव पर अपना बोझ डाल दिया था...'तुम्हें याद है हुसैन। वह आर्काइव' वालों के लिये अविश्वसनीय एक अनोखी, कीमती और महंगी वस्तु थी। एक महान भैंसा"। राक्षस जैसा, बड़ी-बड़ी सींगे लेकिन छोटा सर, वह नुकीली सींगे आकाश से बातें कर रही हैं। मैंने यह चित्र किसी अमरीकन मैगज़िन में देखी थी, लेकिन मुझे याद रह गई। पता है, वह 'महान भैंसा' कौन था। वह तुम थे हुसैन!

वह उछली। सफ़ेद चादर उसके उजले नर्म मुलायम शरीर से फिसल कर उसकी जाँघों तक चली गई थी।

'तुम उस समय भी थे। मोहन जोदाड़ो की सभ्यता में। एक महान भैंसे की शक्ल में, लेकिन उस समय मैं कहाँ थी हुसैन।'

वह तारकोल की तरह मेरे शरीर पर फिसल रही थी। "मैं बन रही थी शायद हर बार बनने की क्रिया में थी।" ईसा पूर्व कई शताब्दी पहले यूनान में, कभी पारथेनान के आधे घोड़े आधे इनसानी मूर्त की शक्ल में, कभी वेनिस और अपालो की शक्ल में, कभी लेवनार्डो दि वेंची की मोनालिज़ा, द विरजिन ऑफ़ रॉक्स, द मेडोना एण्ड चाइल्ड और 'बाच्यूज' में। और कभी रॉफिल, और जान विरमीर, रिम्बरां की तस्वीरों में।

वह कछुए की तरह फुदकी। मेरे पाँव के अंगूठे को अपने होठों में भरा। फिर उछल कर मेरे पाँव के बीचोबीच आकर बैठ गई।

'सच कहना, मोनालिज़ा का केवल चेहरा मुस्कुराता था और मेरा शरीर?'

'लिवनार्ड दि वेंची ने तुम्हें नहीं देखा था, इसलिये वह शरीर की ऐसी किसी मुस्कुराहट से वाक़िफ नहीं था -'

'क्या मैं माइकल ऐंजलो की परिकल्पना हूँ?'

'तुम एक अति सुन्दर शरीर की परिकल्पना हो।'

'क्या मैं...'

मैंने अपने 'चीखते' शरीर को पुनः उसके शरीर के हवाले कर दिया था

'तुम एक घोड़ा हो और सचमुच यह घोड़ा पारथेनान से भिन्न है।'

और इसी के साथ, मैने उसके शरीर के महासागर में गोता लगा दिया था।

खाली कैनवास, नंगा शरीर और छलावा

मैं उस रात, बल्कि यूँ कहिये, सारी रात खुद से लड़ता रहा। 'ऐंज़ल' किसी ईरानी घोड़े की तरह तना, मेरी हाथों की अंगुलियों का पीछा कर रहा था। कैन्वास कोरा था। रंग भरे जाने थे। लेकिन रंग कौन भरता। पेन्सिल का पूरा डब्बा 'ब्लेड' की हैवानियत की नज़्र हो चुका था - सफ़ेद काग़ज पर धब्बे जमा हो रहे थे। पारथेनान का आधा घोड़ा, आधा मानव - एक बहती नदी का बदन - ख़्याल आ रहे थे। मचल रहे थे और उसके मख़मली बदन से फिसलते हुये लौट जा रहे थे - आधी जल मछली, आधा घोड़ा, यह भी नहीं। संपूर्ण घोड़ा। यह भी नहीं - उसका बोलता बदन - चीख़ता बदन - उसके मोटे, फल के रस से भरे होंठ - मैं बार - बार उसकी ज़िन्दा पेन्टिंग में दफ़न हुआ जा रहा था - फिर मैंने सोच लिया -

'क्या?'

'मैं यहाँ रहा। तो मैं मर जाऊँगा। ठीक अपने कैन्वास की तरह। कोरा - मैं उसका जिस्म बन जाऊँगा - क्योंकि - महासागर को नदियों को अपने में समाने का अधिकार है, वह महासागर थी और -'

'तुम नदी थे'

मैं नदी भी नहीं था। मैं नदी की मामूली लहर भी नहीं था और वह - ग़ज़ब की तूफ़ान थी। उसने मुझे आकाश से बातें करने वाली दो महान सीगों वाला भैंसा ग़लत कहा था - वास्तव में -

'अर्थात - ?'

मोहन जोदाड़ो की सभ्यता से निकले जिस मूर्त का चित्र, उसने अमरीकन मैगज़िन में देखा था, वह - वह स्वयं थी - वह मुझे प्रसन्न कर रही थी। महासागर नदियों को पीकर महान बनने का हुनर जानता है - यह एक तरह से 'ईगो पराब्लम' था। मैं ऐसी कोई नदी नहीं बनना चाहता था, जिसे महासागर सरलता से पचा ले - नदी सही, लेकिन मैं नदी बन कर ही अपने आर्ट को जीवित रखना चाहता था।

'फिर - ?'

उस घटना के बाद में, वहाँ दो - दिन में, अपनी वापसी की पूरी तैयारी कर ली। इस बीच डाक्टर फ़ुरक़ान के कई फोन मेरी खोज में आए, लेकिन मैं किसी भी प्रकार अपनी वापसी की सूचना को उन से छुपा कर रखना चाहता था -

'तो क्या यह संम्भव हुआ -?'

"आह - नहीं - फ्लाइट में चार धण्टे बाक़ी रह गए थे। दो बड़े सामान पैक होकर दरवाज़े के पास रखे थे। बेल बजी। मैंने दरवाज़ा खोला -"

सामने, महासागर की शांत लहरें मेरी ओर देख रही थीं। उसे मेरे वापस जाने की सूचना मिल गई थी -

'जाओ -' वह बहुत ही 'उछालदार' लहर थी। "परन्तु याद रखो, मेरा शरीर तुम्हारे शरीर में रह गया है। क्या इस शरीर को भूल सकोगे -"

जाने से पहले वह पलटी - "और याद रखो। ये पारथीनान के आधे मानव का शरीर या वेनिस दि मिलो नहीं है -"

'सुनो -'

जाने से पहले, उसे अन्तिम बार देख कर, मैंने अपने आँसू छुपा लिये थे— "वर्षों पहले तुम्हारे जन्म में, मैंने अपना जन्म रख दिया था - आवागून को मानती हो तो हम पहले भी मिले थे और हम - फिर मिलेंगे।"

दरवाज़े पर कोई नहीं था।

मेरी फ्लाइट का समय क़रीब आ चुका था -

दो घोड़े

पाठको, सब से पहले मैं एक ख़ास समय के लिये बनाई गई, इस बहुद ही ख़ास पेन्टिंग की ओर ध्यान आकर्षित कराना चाहूँगा। इसे पेन्टिंग में दो घोड़े हैं। दो अति सुन्दर घोड़े। 'ये घोड़े जूनाथन सूइफ्ट' के कल्पना वाले घोड़ों की तरह सुन्दर हैं। यानि दो अति सुन्दर ईरानी नस्ल के शानदार घोड़े। उनके दो पाँव धरती पर और दो हवा में। इस तरह जैसे ये कोई बहुत ही ख़ास संदेश लेकर एक दूसरे के गले मिल रहे हो। ये पेन्टिंग मेरी ड्राइंग रूम की शोभा है - यानि बहुत ही निजी समय के लिये बनाई गई पेन्टिंग। एक बहुत ही ख़ास मित्र की ओर से। और जैसा कि पहली बार दिल्ली के नुमाईश घर में जीते-जागते उन दो घोड़ों के मिलाप पर, शीशा के ऊपर से हाथ फेरते हुए मैंने हुसैन से पूछा था -

'क्या उन में से एक भारत है?'

हुसैन के आँखों में चमक थी।

'और दूसरा पाकिस्तान...?'

और हुसैन ने उत्तर में कहा था। "आह नहीं, लेकिन अब तुम क़रीब-क़रीब सही जगह पहुँचने की कोशिश कर रहे हो -"

पाकिस्तान जाने से पहले हुसैन का एक संक्षिप्त 'दस्ती पत्र' मुझे मिला था। "आपकी पेन्टिंग छोड़े जा रहा हूँ। आपकी सूचना के लिए अर्ज़ है, ये पेन्टिंग आप को वहीं रफ़ी मार्ग, उसी बिल्डिंग में मिल जायेगी, जहाँ मेरी तस्वीरों की नुमाईश लगी थी।"

और इस प्रकार, पाठको, बहुत ख़ास समय, बनाई गई वह पेन्टिंग मेरे घर, मेरे ड्राइंग रूम की शोभा बन गई - लेकिन ये कहानी चूँकि उन्हीं दो घोड़ों की सहायता

से शुरू हुई है। और उसके रचयिता हुसैन हैं, इसलिये हुसैन के बारे में कुछ ख़ास सूचना आप तक पहुँचाना आवश्यक है -

देश बटवारे के दो एक साल बाद, जब मार काट में कुछ कमी आ गई थी भारत, पाकिस्तान दो स्वतन्त्र देशों के रूप में अपने क़दम मज़बूती से जमाने की तैयारियाँ कर रहे थे, यह वही समय था, जब नवाबों के शहर लखनऊ की वीरान बस्ती में हुसैन का जन्म हुआ था - वीरान बस्ती, मैं अपने शब्दों पर लज्जित हूँ। लुटा तो पूरा देश था बल्कि बटवारे में दिल और दिमाग़ भी बँट गये थे लेकिन लखनऊ की तहज़ीब का ख़ौफ़ कुछ ज़्यादा ही हुआ था - यह एक अलग कहानी है कि लखनऊ छोड़ कर हुसैन का कुल परिवार पाकिस्तान क्यों बस गया - जाहिर है, कुछ तो वजह रही होगी। अमीनाबाद की उन्हीं सूनी गलियों में से एक में डाक्टर फुरक़ान के माता-पिता का घर बसा था, जिनसे बचपन में हुसैन के सम्बन्ध थे। हाँ, पाकिस्तान जाने तक वह लड़की, जिसकी चर्चा कहानी के आरंभ में बार - बार हुई है, का दूर - दूर तक पता नहीं था - फुरक़ान पाँच - सात वर्ष हुसैन से बड़े होंगे। और पाकिस्तान से दुबई जाते हुये हुसैन को अकस्मात् जिसका पता मिला था। लेकिन हुसैन को क्या ख़बर थी कि विदेश में एक बहुत अजीब ख़बर, एक बहुत ही ख़ास ख़बर में बदलने के लिये उनका प्रतीक्षा कर रही है -

"तो मैं उस पेन्टिंग की बात कर रहा था, जो मेरे ड्राइंग रूम में सुशोभित है। और पेन्टिंग के पहले घोड़े की कहानी हुसैन के शब्दों में आप सुन चुके हैं -"

'दूसरा घोड़ा -?'

हम होटल जनपथ के बार में थे। यह हुसैन के वापस जाने से दो दिन पहले की घटना है। हुसैन तीन पेग ले चुके थे और संभवतः कहना चाहिये, आँखों की थिरकती पुतलियाँ एक बार फिर काँच की गोलियाँ बन गई थीं -

'किस्सों से कहीं ज़्यादा पुरइसरार होती हैं सच्ची कहानियाँ'

'बचपन में लखनऊ छोड़ा। पाकिस्तान बस गया। 1980 के आस-पास दुबई गया। अच्छे काम की खोज में। तब आयु होगी यही तीस के आस-पास। डाक्टर फुरक़ान की बहन टकराई और मैं वापस पाकिस्तान लौट गया -'

'फिर -'

हुसैन ने एक बड़ा सा पेग बनाया। उसकी आँखों में नशा उतर रहा था।

यानि यह पिछले वर्ष गर्मियों का ज़िक्र है - सन् 2001 के अगस्त, सितम्बर का महीना। उस खूबसूरत हादसा के 20-22 वर्ष बाद 'पीस मिशन' सिलसिला में हुसैन को भारत का दूसरे फ़नकारों के साथ बीज़ा मिला था। वीज़ा के अनुसार वह दिल्ली के इलावा अपने वतन लखनऊ जा सकते थे - राजनीतिक सतह पर भारत

और पाकिस्तान के सम्बंध इस हद तक खराब हो चुके थे कि फनकार और 'दानिशवरों' का तबक़ा उनदिनों लगातार पाकिस्तान से पीस मिशन पर हिन्दुस्तान आ रहा था।

लेकिन - कैसा पीस मिशन? जहाँ दिलों को राजनीतिक दीवारों ने बाँट रखा हो, वहाँ शांति और अमन के संदेश भी बेअर्थ लगते लगते हैं - शायद इसी लिये उन दो घोड़ों की मुहब्बत भरी अदा देख कर मैंने पूछा था। उन में से एक भारत है और दूसरा...।

नुमाइशगाह से बाहर निकल कर हुसैन ने मुझे चौंका दिया था। "विश्वास करोगे यह मेरी ताज़ा पेन्टिंग है।"

'यानि -'

दूबई में उस रात जो कैन्वास अधूरा रह गया था, वह लखनऊ, मसऊद नैयर के शहर से, वापसी पर कल रात मैंने पूरा किया।

'मसऊद नैयर?'

'फुरक़ान को मज़ाक-मज़ाक में, हमलोग मसऊद नैयर भी कहते हैं। मुमकिन था, मैं उस रात जाने का इरादा छोड़ चुका होता। मुमकिन था, मैंने पेन्टिंग बना ली होती। लेकिन मेरा विश्वास है।'

हुसैन ने ज़ोर से टेबुल पर मुक्का मारा। बार में बैठे दूसरे लोगों ने पलट कर हुसैन की ओर देखा। हुसैन की आँखों में धीरे-धीरे मदहोशी छाने लगी थी।

'शायद मेरा पीस मिशन पर आना सफल हो गया। तुम्हें याद है ना, वह हमारी आधी मुलाकात थी जब उसने कहा था, क्या तुम इस बदन को भूल सकोगे। हाँ, मुझे उसकी एक-एक बात याद रही। और पूरे बीस-बाईस वर्षों तक, पाकिस्तान के 'आमराना', फ़ौजी हुकूमत, राजनीतिक उथल-पुथल और ज़िन्दगी के हंगामों के दौरान का हर पल वह चेहरा मेरी आँखों के के सामने रहा। वह शब्द मेरे कानों में गूँजते रहे। 'यह पारथेनान के आधे इनसान का बदन या वेनिस दि मिलो नहीं है'...मैं जीने की कोशिश करता था और समुन्द्र की लहरें अचानक उछलती, गरजती चारों ओर से मुझे अपने कब्जा में कर लेती थीं। मैंने सोचा था, उससे दूर जाकर मैं जीत जाऊँगा। मगर नहीं। शायद 20-22 वर्षों तक। उससे अलग की एक लम्बी ज़िन्दगी। शायद मैं सचमुच नदी था। औरा समुन्द्र को यह हक़ हासिल था कि वह मुझे अपने में समाले। वह दूर रह कर भी समुन्द्र रही और मैं इतने वर्ष लगातार उसी समुन्द्र में तैरता उभरता रहा। हाँ, पारथेनान के आधे घोड़े वाले हिस्से को अपनी नाकामी के तौर पर मैं कागज़ के कैन्वास पर रंग दे चुका था। मगर -

'दूसरा घोड़ा...?'

हुसैन मुस्कुराये। बोतल ख़ाली पड़ी थी। ग्लास भी ख़ाली था। नेपकीन से हाथ पोछते हुए हुसैन ने ग्लास पलट कर टेबल पर रख दिया।

'लखनऊ गया तो मालूम हुआ मसऊद नैयर दूबई की प्रैक्टिस छोड़ कर वापस आ गया है। बीमार रह रहा है। मैं उसकी खैरियत लेने गया और - लखनऊ में अमीनाबाद की उन्हीं वीरान गलियों में से एक में, ज़रा सा पूछ-ताछ करने पर उसका मकान मिल गया। मैंने दरवाज़ा पर दस्तक दी। और मसऊद नैयर के दरवाज़े खोलने के इन्तेज़ार में खड़ा रहा -'

क्या आप -?

हुसैन के चेहरे पर नशा का दूर तक नाम नहीं था - क्या आप जन्म जन्मान्तर का बन्धन या आवागून पर विश्वास करते हैं, मुझे मेरे शब्द याद आये, जो मैंने आख़री बार उसके वापस जाते क़दमों को रोक कर अदा किये थे - वर्षों पहले तुम्हारे जन्म में, मैंने अपना जन्म रख दिया था - दरवाज़ा खोलने वाली वही थी। वह ज़रा सी बुझ गई थी। लेकिन 20-22 वर्ष के फासले को बहुत ज़्यादा उसमें महसूस नहीं किया जा सकता था। उसने 'विलपाल' की पेंटिन्ग की तरह बहते हुए पानी और बहती हुई हवा को हाथ के इशारे से, आधे में ही रोक रखा था। मुझे देख कर ज़रा भी आश्चर्य उसे नहीं था। यह सब कुछ ऐसा था, जैसे अपने ही घर में, सुबह ऑफिस से गया-गया शाम को वापस घर लौट आया था। हाँ, उसकी आँखें थकी-थकी थीं। लेकिन उन आँखों में उसने एक लम्बा इन्तेजार रख दिया था। तो उसने दरवाज़ा खोला। मेरी ओर देखा और मेरा, अन्तिम भेंट में बोला गया, मेरा ही वाक्य मेरे सामने रख दिया - 'आवागून' को मानती हूँ। हम पहले भी मिले थे। और हम फिर मिल रहे हैं -

'कौन है?' अन्दर से डाक्टर की आवाज़ आई थी।

'हो हो ऽ ऽ हो ऽ ऽ आड़ी तिरछी लकीरें ऽ ऽ हो ऽ ऽ, आधी हँसी के रास्ते में दमा के रोग ने उसे बेचैन कर दिया था। कमबख़्त खाँसी?'

'तुम लोग बातें करो।' अन्दर जाते हुये मैंने डाक्टर फुरक़ान को ध्यानपूर्वक देखा। इन बर्षों ने उसे एक बदनुमा शख़्सियत में बदल दिया था। फूला पेट, बदन पर चढ़ी हुई कुछ ज़्यादा चर्बी। आँखों पर काला चश्मा और पेशानी पर सजदे का दाग़ -

सामने आकर उसने अपनी हथेलियाँ मेरी ओर बढ़ाई -

'यह मेरे दूसरे घोड़े की हथेलियाँ थीं।'

और उसके ठीक दो दिन बाद मेरे लिये एक दस्ती ख़त और एक़ दो घोड़ों का पोट्रेट छोड़ कर हुसैन पाकिस्तान लौट गये थे। ख़त में, एक वाक्य और भी था। मैंने जान बूझ कर, कहानी की समाप्ति के लिये आप से छुपा कर रखा था - वास्तव में हुसैन के जैसे - तैसे पाकिस्तान भागने के पीछे भी कोई राज़ था। और इसीलिये ख़त के अन्त में हुसैन ने लिख था - माई डियर, वह लड़की मुझ से शादी के लिये राज़ी

हो चुकी है। पाकिस्तान जाकर बहुत से काम पूरा करने हैं। मैं बहुत जल्द वापस आऊँगा। 'अक्दे मसनूना' (निकाह) के लिए। मेरे लिए अपने इंतज़ार को संभालकर रखना। बस उल्टी गिनती शुरू कर दो। मैं पहुँचने ही वाला हूँ। तुम्हारे मुल्क - अपने मुल्क।

आतंकवाद बनाम युद्ध और हुसैन की आमद

तो पाठको! ये उन्हीं दिनों का तज़किरा है, जब अफ़गानिस्तान की पहाड़ियाँ बारूद उगल रही थीं। काबुल कन्धार से ब्रिटेन और अमेरीका तक आतंकवाद के शोले भड़क उठे थे। पाठको! मजबूरी ये है कि ये कहानी अपने समय के यथार्थवाद से गुज़रे बिना मुकम्मल हो ही नहीं सकती। हुसैन की आमद और निकाह का समय वही था। जब 11 सितम्बर वर्ल्ड ट्रेडसेन्टर और पेंटागन पर आतंकवादी कार्रवाइयों के बाद भारत-पाक के बीच दूरियाँ बढ़ती चली गई थीं। 13 दिसम्बर सांसद पर हमले के बाद सूरतहाल विस्फोटक होकर युद्ध का रूप धारण कर चुकी थी। नतीजा, दोनों देशों ने अपने-अपने तौर पर कई महत्वपूर्ण कदम उठाये। भारत ने न केवल अपने उच्चायुक्त को पाकिस्तान से वापस बुलाया बल्कि हवाई उड़ानों पर भी पाबंदी लगा दी। यहाँ तक कि भारत से पाकिस्तान जाने वाली एकमात्र समझौता एक्सप्रेस को बन्द कर दिया गया (जिसपर हुसैन अपने बारातियों के क़ाफ़्ले के साथ आने वाले थे।)

तो पाठको! उस रात उस भयानक रात एक और घटना हुई थी। वागह बॉर्डर से दिल्ली बस अड्डे तक घना कोहरा छाया था। बाहर सर्द हवा चल रही थी। मैं ड्राईंग रूम में था। अचानक यूँ हुआ, कि पोट्रैट से हुसैन के दोनों घोड़े कूदे और मेरे सामने आकर खड़े हो गये। मैंने गौर से देखा। ये 'पार्थिनान' के आधे भाग वाले घोड़े नहीं थे। ये घोड़े अपने सौंदर्य की परिभाषा में परिपूर्ण थे। लेकिन ये घोड़े ठहरे नहीं पलक झपकते हीं मेरे ड्राइंगरूम से भाग खड़े हुए।

मैंने आगे बढ़कर दीवार पर लटके हुए पोट्रेट को देखा - अब वहाँ एक खाली कैनवास पड़ा था। दोनों घोड़े नदारद थे।

भूरे बालों वाली लड़की

कुछ मुलाक़ातों का ज़िक्र

समय जैसे ठहर गया था। मेरी आँखें दूर तक उसे तलाश करती रहीं। लेकिन वह कहीं नहीं थी। ऐसा सम्भव नहीं था। ऐसा सम्भव इसलिए भी नहीं था कि वह उन आम लड़कियों जैसी नहीं थी, जो वादा करके भूल जाती हैं। उसे अब तक आ जाना चाहिए था। मैंने घड़ी पर एक नज़र डाली। पार्क की बेंचे सूनसान पड़ी थीं। हवा का एक तेज़ झोंका मुझे छूता हुआ चुपचाप गुजर गया। मैं ख़ामोशी से उस बेंच पर आकर बैठ गया, जहाँ इससे पहले भी कई बार वह मुझसे मिली थी और हर बार मेरी हैरतों में खुशगवार अज़ाफ़ा हुआ था- लड़कियाँ क्या ऐसी भी होती हैं? नहीं, वह आम सी लड़की नहीं थी। भूरे बालों वाली-भूरे वालों वाली लड़की-शायद, इसीलिए छोटी-छोटी चंद मुलाक़ातों के बावजूद मुझे उस का नाम पूछने की जरूरत पेश नहीं आई- बस, चेहरे पर बे- नयाज़ी से दूर-दूर तक फैले हुए भूरे-भूरे बाल-आँखों में ख़रगोश जैसी मासूमियत-वह हँसती बहुत कम थी। होंठो पर सवालात बहुत छोटे होते थे। कुछ सवालात तो ऐसे होते थे कि मैं जैसे सवालों के इन भंवर में उलझकर रह जाता था।

नहीं, यह बताना जरूरी है कि पहली बार हम कहाँ मिले थे- 'वहाँ' - नहीं, शायद अब वहाँ उसकी मौजूदगी की कल्पना से ही मुझे 'हौल' आता है। उसे वहाँ नहीं होना चाहिए था। वह एक अजीब सा माहौल था। पार्टी- हम उसे ठीक तरह से पार्टी भी नहीं कह सकते। उदासी मिटाने के लिए ज़िन्दगी, 'फनतासी' की नई-नई मौजों से अपना सम्बन्ध क़ायम कर लेती है - आधी रात के, नशे में डूबे हुए घोड़े ने धीरे-धीरे हिनहिनाना शुरू कर दिया था, मेरे लिए सब कुछ नया था। खुली-खुली लम्बी चिकनी टाँगें, मेनीक्यूर से सँवरे हुए हाथ। कॉलेज के कुछ नौजवाज लड़कों ने लड़कियों जैसे लिबास पहन रखे थे।

दोस्त ने आहिस्ता से मेरा हाथ दबाया "ऐसे आँखें फाड़-फाड़ कर मत देखो।" लोग तुम्हें अनकलचर्ड समझेंगे। वह धीरे-धीरे फुसफुसा रहा था। 'माचूमैन का ज़माना जा चुका है। टाइटैनिक के हीरो ल्यूनार्ड दी कैपरोव से भी लोग बोर हो चुके हैं - देखो -' औरतें, मर्द बनना चाहती है। मर्द औरत। "वह दिखा रहा था-" देखो - वह औरत तुम्हें नज़र आ रही है ना, वह मेकअप आर्टिस्ट है। कार्ल सुकवीरा।

यानी? मैं एकदम से चौंक पड़ा।

दोस्त धीरे से हँसा - "वह मर्द है। हमारी तुम्हारी तरह - मर्द।" इस बार मर्द कहते हुए, उस का लहजा थोड़ा सा भारी था। उसने जो कुछ दिखाया, वह शायद अब मैं ठीक से नहीं देख पा रहा था। वह एक स्कर्ट पहने हुए मर्द था। उसके कपड़े शोख रंग के थे। आँखों में रंगीन लेंस, नाखूनों में नेल पालिश लगी हुई। वह बता रहा था - "इन में ज़्यादातर मर्द ब्लीचिंग फीशियल, वैक्सिंग और बालों को रंगवाना पसंद करते हैं।" दोस्त के चेहरे पर संजीदगी थी। हकीकत यह है कि औरतों के मुक़बले मर्द स्कर्ट में ज़्यादा खूबसूरत लगते हैं।

अब मैं कुछ भी नहीं देख रहा था। अब मैं कुछ भी नहीं सुन रहा था। मगर वह भूरे बालों वालों लड़की - वह बेनयाज़ी से एक तरफ बैठी, मेरी तरह ये सारा तमाशा देख रही थी। ज़ाहिर था, ऐसे माहौल में उसे भी कोई मेरी तरह पहली बार लेकर आया था - उसकी ख़रगोश जैसी आँखें चमक रही थीं।

बातें शुरू करने में मुझे देर नहीं लगी - लेकिन उसके पहले ही वाक्य ने मुझे चौंका दिया था।

'हाँ, मैं यहाँ आती रहती हूँ। हमेशा - मुझे अच्छा लगता है। और तुम्हें?'

'पता नहीं?'

वह खिलखिलाकर हँसी "इसमें बुरा क्या है। एक मुद्दत तक औरत मर्द की गुलाम बन कर रही। नहीं? पतिवर्ता? वह हँस रही थी। अब कार्लसुकवीरा को ही देखो। कह सकते हो, यह वही मर्द है जो कल तक औरतों पर जुल्म किया करता था?"

वह करीब-क़रीब मेरे बदन पर बातें करते हुए बेनयाज़ी से झुक गई थी। उसने शिफ़ान की कमीज़ पहन रखी थी। मैं उसके बदन के हर राग से परिचित हो रहा था। मेरी साँसें तेज़-तेज़ चल रही थीं।

वह अचानक चौंक उठी -

'क्या हुआ?'

'कुछ नहीं'-

लेकिन शायद जो कुछ हुआ, वह समझ चुकी थी। भूरे बालों में अंगुलियाँ फेरते हुए उसके चेहरे पर ख़फ़गी के आसार थे।

"यह औरत का बदन छूते ही तुम मर्दों के बदन में क्रंट सा क्यों लग जाता है? मुझे देखो- और अपना चेहरा देखो। तुम...तुम काँप रहे हो। काँप इसलिए रहे हो कि एक लड़की तुम से छू गई थी। है ना..."

'शायद -' मैं गड़बड़ा गया था।

'मान लो। मेरी जगह कोई तुम्हारा मर्द दोस्त होता। वह भी मेरी तरह बातें

करते हुए तुम पर एकदम से में झुक जाता। तब भी क्या तुम ऐसे ही...?'

'नहीं -'

'फिर। मुझमें क्या ख़ास बात है?' वह गुस्सा हो रही थी। 'ये मर्दों में बार-बार एक अनजान मर्द चोर बन कर क्यों आ जाता है?'

'यह नेचुरल है।' मैंने सहमे हुए अन्दाज़ में कहना चाहा।

'नहीं' उसने अपना सीधा फैसला सुना दिया - 'तरक़्क़ी करते हुए प्रकृति से हम ने नाता तोड़ लिया है। 'नेचुरल' अब कुछ भी नहीं है। सब कुछ Against Nature चल रहा है। समझ रहे हो ना। Against Nature लेकिन तुम से बातें करते हुए मज़ा आ रहा है।' उसकी ख़रगोश जैसी आँखों में चमक थी।

'मुझसे मिलोगे?'

'क्यों नहीं।'

मुझे वह भूरे वालों वाली लड़की अच्छी लग रही थी। मैं अब आहिस्ता आहिस्ता उससे खुलने लगा था। मैंने धीरे से कहा।

"कुछ अपने बारे में बताओ"

उसकी ख़रगोश जैसी आँखों की चमक अचानक मांद पड़ गई -

'क्यों? क्या जानना चाहते हो तुम? तुम मर्दों में इतने सारे सवाल जवाब क्यों छुपे होते हैं। नाम क्या है? कहाँ रहती हो? शादी हुई कि नहीं - इन बातों को जाने बग़ैर भी तो दोस्ती हो सकती है। मुझ से दोस्ती करोगे-?'

उसकी हथेलियाँ चिपचिपी और गर्म थीं। रात का नृत्य जारी था। रूख़सत होने से पहले उसने पार्क वाली जगह के बारे में बताया - 'बस, वहीं मुझे तलाश कर सकते हो। मिल गई तो मिल गई। नहीं तो कोई बात नहीं -'

गुफ़्तुगू के आख़री मोड़ पर उसे, लड़कियों का ड्रेस पहनने वाला वह मेकअप मैन अपने साथ ले गया था। जाते हुए उसने पलट कर मेरी तरफ़ देखा था।

दूसरे दिन शाम में वह मुझे पार्क में मिल गई। उसे तलाश करने में मुझे ज़्यादा परेशानी नहीं हुई। वह एक ख़ाली बेंच पर चुपचाप बैठी थी। जींस की पैंट और शर्ट पहने। चेहरे पर किसी तरह का मेकअप नहीं - भूरे बाल तेज़ हवा में लहरा रहे थे।

'मुझे यक़ीन था' - उसका लहजा सर्द था - 'तुम्हें आना चाहिए था और तुम ज़रूर आओगे।'

'क्या ये Against nature है?'

'नहीं।' वह धीरे से मुस्कुराई - 'पहली बार कुदरत का जादू मुझ पर चला है। देखो। मैंने तुम्हारा इन्तज़ार भी किया। मेरी आँखों ने जगह जगह यहाँ तुम्हारा पीछा भी किया। और तुम आ गये। यह भी कुदरत की व्यवस्था है।' वह हँस रही थी - 'कोई होता है यार' जिससे मेरे जैसा 'डल' आदमी भी शेयर करना चाहता है। तुमने

कल पार्टी में पूछा था ना, कुछ अपने बारे में? क्या बताऊँ - वह हंस रही थी - चलते चलते, दौड़ते-दौड़ते मशीन बन गये हम - आँखें खुलीं तो मुहब्बतें रूख़सत हो चुकी थीं। एक घर था जहाँ शोकेस में सजे सामानों की तरह मम्मी और डैडी भी थे और एक रूटीन लाइफ़ वाला जानवर था - बस इतना जान रही थी कि दुनिया के 'पर' लग रहे हैं। दुनिया उड़ रही थी। पापा मम्मी उड़ रहे थे। मेरे लिए सब कुछ एक तमाशा था। फिर मैं इस तमाशा को अधूरा छोड़ कर, उस जेल से कब निकल आई, पता भी न चला -'

वह फिर हँसी - 'और क्या जानना चाहते हो?'

'नहीं'। कुछ नहीं - मुझे सदमा हुआ

'तुम्हारा चेहरा अचानक इतना पीला क्यों पड़ गया।' उसने क़हक़हा लगाया - 'यह नहीं पूछोगें, मैं किसके साथ रहती हूँ -'

उसकी ख़रगोश जैसी आँखों की चमक बुझ गई थी। चेहरे पर सख़्ती आ गई थी "याद है, कल मेरे छूते ही तुम्हारे बदन में एक चोर मर्द आ गया था। तुम ने कहा था, यह कुदरती है - कल सारी रात मैं तुम्हारे इस लफ्ज़ पर गौर करती रही Against nature। ज़िन्दगी से सारे एडवेंचर ख़त्म हो जाऐं तो हम अपना सफ़र Against nature शुरू कर देते हैं। मेरे साथ बस यही होता रहा। मम्मी डैडी की जेल से निकलने के बाद एक नई ज़िन्दगी सामने थी।"

भूरे बालों वाली कहते कहते ठहरी-तुमने उस आदमी को देखा था। वो जो पार्टी में मुझे अपने साथ ले गया था।

आई मीन कार्ल सुखवीरा। हाँ - वह हँस रही थी। पता है वह रात में मेरी ब्रा और अण्डरवियर पहन लेता है। लेकिन वह कोई दिमागी मरीज़ नहीं हैं। 'ट्रांसवेस्टीटीज़', ऐसे लोगों को लिपिस्टिक अच्छी लगती है। और यह आर्टिफिशियल ब्रेस्ट लगाकर खुश हो उठते हैं। दरअसल यह ट्रांस सेक्सुअल मर्द हैं। इनका जिस्म तो है मर्द का है लेकिन आत्मा औरत की है।

भूरे बालों वाली लड़की ने अपना सर झुका लिया था। अब चौकने की बारी मेरी थी। मैं ज़ोर से उछला - 'लेकिन तुम यह सब कैसे जानती हो?'

'कार्ल मेरा हस्बैंड है।'

वह नज़रें चुराने की कोशिश कर रही थीं - "यहाँ सब कुछ आर्टिफिशयल है। सब कुछ नकली। अपने-अपने बोझ से थके हुए लोग। व्हिस्की के गिलासों में अपना अंदर-बाहर भूल जाने वाले। एक नक़ली दिन। एक नकली रात - एक नकली ज़िन्दगी -"

ख़रगोश जैसी आँखों में आँसू की एक बूँद लहराई थी। मगर जिसे फौरन बाद ही उसने अपनी हँसी से ढक दिया था।

मेरा लहजा बोझल था - 'क्या यह तरक्की है'

'नहीं' उस का लहजा सपाट था - "उड़ते-उड़ते पर टूट जाते हैं। फिर अचानक ही हम अपने आप से Out Cast कर दिए जाते हैं। हम सब वह हैं, जिन्हें खुद हमने 'आउट कास्ट' कर दिया है।"

वह बेंच से अचानक उठ खड़ी हुई थी - उसका लहजा उखड़ा हुआ था। आगे मिलोगे?

'क्यों नहीं?

इतना सब कुछ जानने के बाद भी मिलोगे?'

'इस शहर में सब ही अपने आप को 'आउट कास्ट' करते रहते हैं। फर्क यह है कि सब की सतहें अलग-अलग हैं।'

'गुड। तुम मिलो ना मिलो। लेकिन मैं तुम से मिलती रहूँगी।'

छोटे-छोटे शहरों की ज़्यादातर कहानियाँ एक जैसी होती हैं। छोटी ख्वाहिशें, छोटा-छोटा आसमान - एक छोटा सा घर और बहुत सारा उड़ने की इच्छा। छोटे से घर से, उड़ने की यह इच्छा ही मुझे इस शहर में लेकर आई थी। लेकिन कुछ देर के लिए मैं जैसे उड़ना भूल गया था। उस रात मैं अपने किराये के छोटे से कमरे में लगे आड़े तिरछे दर्पण में देर तक अपने अक्स को निहारता रहा।

- क्या मैं उड़ना चाहता हूँ?

- नहीं।

- क्या मैं उड़ रहा हूँ-?

- नहीं।

सच यह है कि मैं दर्पण के सामने कलाबाज़ियाँ खाता हुआ, अजीब-अजीब हरकतें कर रहा था। अचानक दर्पण में वह भूरे बालों वाली लड़की आ गई थी। लड़की ज़ोर से चीखी थी -

"सुनो, इतना तेज़ मत उड़ो - सुना नहीं। गिर जाओगे।"

दूसरे दिन शाम में भूरे बालों वाली लड़की फिर वहीं बेंच पर बैठी हुई मिली।

"आफ़िस से निकल कर मैं सीधे यहीं आ जाती हूँ। वह मुस्कुराई। मैंने गौर से उसका जायज़ा लिया। आज उसने पैंट और टीशर्ट पहन रखी थी। मैंने कुछ सोचते हुए कहा -"

"तुम लोग अपने कपड़े क्यों नहीं बदल लेते। मेरा मतलब, तुम ही ने कहा था। मैंने कुछ सोचते हुए कहा -"

उसने कहकहा लगाया था - 'लिबास बदल लेने से आत्मायें बदल जाएँगी क्या?'

'आत्मायें?'

"हाँ। उस के अन्दर एक औरत आ गई है। हाँ, उसने अपने बदन पर 'गोदने' गुदवाए हैं। कानों में छल्ले भी पहने लगा है।"

"और तुम?"

वह बूझ गई थी - "शायद, शायद मुझे देर हो गई - वह हँस रही थी।" "मैं अब नेचर से भी दोस्ती कर रही हूँ - मुझे आसमान अच्छा लगने लगा है। चाँद, चाँदनी, रातें, बचपन में पढ़ी हुई फेयरी टेलिस, और ये पेड़-पौधे"

कहीं तुमने कार्ल को छोड़ने का फैसला तो नहीं कर लिया?

उसने एक ज़ोर कहकहा लगाया - 'तुम ने ऐसा क्यों सोचा - वह एक बार फिर हँसी -'

'औरत मर्द के संबंध को ही अगर ज़िन्दगी कहते हैं तो सुनो, रात में कार्ल बिस्तर पर एक औरत बन जाता है और मैं मर्द -'

मैंने उसकी आँखों में झाँका। पहली बार वह अपने आप को छुपा नहीं पाई। वह रो रही थी - ठहर ठहर कर उसने अपने आँसूओं को खुश्क किया।

"कल मिलोगे- कल मैं फिर आऊँगी। किसी फैसले पर पहुँचने की कोशिश कर रही हूँ।"

वह अचानक उठी और तेज़ी से बाहर निकल गई।

मेरी डायरी के कुछ पन्ने

(जो मैंने कार्ल सुकवीरा और उस भूरी लड़की के बारे में लिखे)

04.01.2001

शायद यह सब कुछ मेरे लिए नया था। शायद यह सब कुछ मेरे लिए नया नहीं था। दुनिया तेज़ी से बदली है, मुझे इसका ख्याल था। दुनिया इस से भी ज़्यादा तेज़ी से बदलेगी, मैं सोच सकता हूँ। क्लोनिंग, इन्टरनेट और 'जैनोम' से आगे निकल कर मुमकिन है, मर्द और औरत अपनी नई नई परिभाषाएँ भी ढूँढने लगें तो मुझे हैरत नहीं होगी। हैरत मुझे कार्ल सुकवीरा की तबदीली पर भी नहीं हुई। ठहरिये। मुझे उसका चेहरा याद है। 'फीशियल' ने उसके चेहरे को और भी हसीन बना दिया था। मर्दों को लुभाने वाली हसकी असीन अदाऐं - ऐसा क्यों कर हुआ होगा? सोच की सतह पर लगता है, ये कोई पेचीदा मसला नहीं है। दरअसल सभ्यताओं की न ख़त्म होने वाली सुरंग में, अपने आपको छुपाए रखने का नैतिक दबाव हम पर कुछ ज़्यादा ही बढ़ गया था - शताब्दियों के सफर के बाद इस अँधेरी सुरंग से बाहर निकलने का रास्ता मिला तो हम बहुत तेज़ी से नई हवाओं का शिकार हो गए और वैसा देखने लगे, जैसा कि हम हमेशा से थे।

05.01.2001 (दिन)

कार्ल सुकवीरा - ऐसे आदमी की समीक्षा करना मेरे लिए कोई बहुत मुश्किल काम नहीं था। शरीर एक दरख़्त है और यह दरख़्त जब 'बोर्डम' के पतझड़ का शिकार होता है, तो शरीर का उल्टा पहाड़ा शुरू हो जाता है। जैसे औरत मर्द बनने के लिए पहले से ही तैयार रहती है और मर्द औरत बनने के लिए - (कुछ लाईनें कटी हुई) बचपन में मैंने एक दोपहर एक मुर्गी पकड़ ली थी। मैं मुर्गी में औरत जैसे 'सीना' को तलाश कर रहा था। क्या ये मर्द में एक औरत की मौजूदगी थी?

05.01.2001

आज वही दोस्त मुझसे मिलने आया था, जिस ने पहले बार इस पार्टी से मुझे परिचित कराया था - वह देर तक मुझे देखता रहा। फिर बोला -

'तुम आजकल कुछ ज़्यादा ही उस से मिलने लगे हो।'

'कौन?'

'वही मिसेज़ सुकवीरा।'

'मिसेज़ सुक' - मेरा हँसते-हँसते बुरा हाल था। 'क्या तुम्हें मिसेज़ कहते हुए कुछ अटपटा सा -'

दोस्त गम्भीर मुद्रा में था। 'तुम कुछ ज़्यादा ही तैरने लगे हो।'

'तैरने लगे हो?'

'ऊपर-ऊपर तैर कर निकल आओ। अन्दर जाओगे तो जल जाओगे।'

'क्यों?'

'अन्दर तेज़ाब है। शरीर के साथ आत्मा भी जल जाएगी।' वह काफी गम्भीर हो चला था - उन्हें उनके हाल पर छोड़ दो। वह अपनी सूसाइटी के साथ वहाँ पहुँच चुके हैं, जहाँ हम तुम नहीं जा सकते।

मैंने दोस्त की बाद काटते हुए कहा - "गलत सोच रहे हो तुम - हम उन लोगों से बहुत ज्यादा पीछे नहीं हैं - एक बार ही सही, हम उस सूसाइटी में शामिल तो हुए हैं।"

'दोस्त ने खौफ़ज़दा होकर मेरी तरफ़ देखा।'

"वह लड़की तुम में दिलचस्पी लेने लगी है। जानते हो क्यों?"

"नहीं।"

"उसने तुम में एक मर्द को देख लिया है मर्द को। समझ रहे होना। उसका स्वर झुंझलाहट से भरा था, जबकि हकीकत यह है कि इस शहर की आबो-हवा में हम उस मर्द को गवां चुके होते हैं।"

इसके बाद वह ठहरा नहीं। फौरन चला गया -

06.01.2001 दोपहर (दफ़्तर)

आज पहली बार उससे फोन पर बातें हुई। उसके स्वर में थरथराहट थी। उसने मेरे बारे में सुकवीरा से बातें की थी। सुकवीरा ने मुझे आज शाम खाने पर इनवाईट किया है। क्या मुझे जाना चाहिए?

(कुछ लाइनें फिर कटी हुई)

क्यों जाना चाहिए मुझे। उफ़ : अन्दर अजीब सी सनसनाहट हो रही है। क्यों? मैं नहीं जानता - मगर वह भूरे वालों लड़की -

'Chestitiy belt' की कैद से 'करिश्मा' के 'सैक्सी - सैक्सी' गानों तक अपनी पहचान कराने का जायज़ा लें तो औरत लगातार अपने आप को बदलती आई है। मुझे लगता है कुछ होने वाला है। कुछ अजीब सा। दोस्त के शब्द याद आते हैं - अन्दर तेज़ाब है - उसने तुममें मर्द को देख लिया है। हक़ीकत यह है कि इस शहर की आबो - हवा में हम उस मर्द को गवाँ चुके होते हैं -

माँ की चिट्ठी मिली थी। मुझे बेग़ैरत लिखा है। बाहर जाकर अपनी ज़िम्मेदारियों को भूल जाने वाला - लेकिन मैं यह क्यों लिख रहा हूँ।

मुझे वह भूरे बालों वाली लड़की याद आ रही है। - क्या मेरे 'पर' लग गए हैं। - (उसके बाद के डायरी के पन्ने अब तक खाली पड़े हुए हैं)

एक परी-कथा चोर मर्द की

दरवाज़ा खोलने वाली वही थी। वही भूरे बालों वाली लड़की। उसकी आँखों में मुस्कुराहट नहीं थी। दरवाज़ा खोलने के बाद उसने मुझे अन्दर आने का रास्ता दिया।

'आ जाओ।'

वह फुल शर्ट और जीन्स में थी - शायद, दूर से देखने पर विश्वास करना मुश्किल था कि वह एक खूबसूरत सी लड़की होगी।

'कार्ल कहाँ है?'

सवाल पूछते ही एक ठण्डी, औरत जैसी आवाज़ मुझसे टकराई -

'मैं यहाँ हूँ। अभी आया'

मैंने गर्दन घुमा पर देखा - झीने - झीने पर्दों के दर्मियान उसका व्यक्तित्व रौशन था। वह श्रृंगार मेज़ के सामने बैठा अपने नाखुनों पर नीलपालिश लगा रहा था। आज उसने एक रेशमी साड़ी पहन रखी थी। उसने पलट कर दो उंगूलियों की हरकत से मुझे 'विश' किया - 'हाय'

'वह दो घन्टे से सज रहा है।'

भूरे बालों वाली लड़की के होंट भींच गए थे।

'दो घंटे से?'

'हाँ! तुम उसके लिए 'सेलीब्रेटी' हो - एक ऐसा सेलीब्रेटी, जिसे उसकी वाइफ् पसन्द करने लगी है।'

मुझे चक्कर आ रहे थे।

कार्ल फिर 'औरतनुमा' आवाज़ में चिल्लाया - दो मिन्ट। प्लीज़ गुस्सा मत होना डार्लिंग। ये पहली बार हमारे घर आए हैं। वेलकम होम।

कैटवाक करता हुआ वह अपनी जगह से उठा - उस के होंठ सुर्ख थे। अंगुलियों की नेल पालिश अभी भी गीली थी। उसने हाथ बढ़ाते हुए, औरत जैसे अन्दाज़ में शर्माते हुए कहा -

"नो - नो डोंट लूक ऐट मी। आई एम नोट लेसबियन।"

'सुना तुमने! ये लेसबीयन नहीं है। भूरे बालों वाली लड़की चीखी।' सुना तुमने-

उसकी आँखों से चिंगारियाँ निकल रही थी। - "मैं नहीं जानती, तुम्हें यहाँ क्यों बुलाया है। लेकिन दोस्तोव्सकी के 'इडियट' की तरह उस पार्टी में तुम पहले आदमी लगे, जिसके लिए दिल से आवाज़ निकली कि इस आदमी के साथ 'शेयर' किया जा सकता है।

'नो - नो डोंट बी इमोशनल। घर में मेहमान आए है। डार्लिंग।' सुकवीरा की नेलपालिश लगी अंगुलियाँ थिरक रही थीं।

भूरे बालों वाली लड़की जोर चीख़ी डोंट टच मी - दूर रहो मुझसे। मैंने इस आदमी से शादी की थी' - वह मेरी आँखों में आँखें डाले कह रही थी' वह क्षण, कैसे रहे होंगे, बता सकते हो। इस आदमी से? नहीं। इस मर्द से। मर्द?

'खाना ठण्डा हो रहा है डार्लिंग। बातों के लिए तो।'

सुकवीरा का जिस्म एक बार फिर थिरकने पर आमादा था। वह मेरी तरफ घूमा 'इसकी बात का बुरा मत मानना। मेरी वाईफ़ को गुस्सा बहुता आता है। लेकिन यह तुम को चाहने लगी है। क्यों डार्लिंग?'

सुकवीरा के अंगुलियाँ ने शरारत में मेरे कन्धे को छुआ - ब्लीव मी। मुझे बुरा नहीं लगा। मैंने कहा। उसे बुला लो - देखो तुम आए तो लड़ने लगी। 'नॉटी गर्ल।' गन्दी बात है ना -?

भूरे बालों वाली लड़की ज़ोर से चीख़ी। गुस्से में उसने अंग्रेजी में गन्दी गालियों का इस्तेमाल भी किया था। लेकिन सुकवीरा, वह तो जैसे अपनी अदाओं में खोया हुआ था। वह उसे अपने तौर पर समझाने की कोशिश कर रहा था।

"इतना गुस्सा माई डार्लिंग, अच्छा नहीं है।"

'Get lost' वह जोर से चीखी - मैंने इसे बुलाया है। मैं दो मिनट इससे अकेले

में बातें करना चाहती हूँ। क्या तुम मुझे अकेला छोड़ सकते हो?

"व्हाई नाट - व्हाई नाट डार्लिंग"

सुकवीरा कमर मटकाता हुआ झीने पर्दे को हटाकर अन्दर चला गया था। लड़की अपने आपको नार्मल करने की कोशिश कर रही थी।

'तुम बता सकते हो, सदियों की तहज़ीब ने हमें क्या दिया है! यह - यह हिजड़ा—मैं चाहती थी, इस कहानी का कोई न कोई गवाह ज़रूर रहे - यह घर में सड़ने गलने वाला जानवर भी नहीं है जिसे गोली मारी जा सके।'

"लेकिन इस आदमी को किसी ने तुम पर Impose नहीं किया था।"

उसने ठण्डी साँस भरी - "सच कहते हो। लेकिन इस शहर में सब कुछ पहली बार होता है। पहली बार हम हेरोईन लेते है। पहली बार 'मारिजुआना' पीते है। पहली बार सुकवीरा जैसे एड्ज हमसे टकराता है और पहली बार दरवाज़े से अपना सर फोड़ कर हम मर जाते हैं। लेकिन अब नहीं मरूंगी - तुम - तुम क्या कर सकते हो मेरे लिए - ?"

उसने अपनी नम आँखों को, अपनी हथेलियों से पोछा। शायद वहाँ आँसू थे ही नहीं। अगर थे भी तो सूख चुके थे -

"मैं - मैं क्या कर सकता हूँ - ? मेरी आवाज़ में लड़खड़ाहट थी -"

'तुम - उसकी आवाज़ बोझल थी -' तुमं नहीं। तुम भी कुछ नहीं कर सकते। इसलिए कि तुम बुज़दिल हो। पारासाइट - लेकिन सुनो - वह जगह याद है। मैं तुम से एक बार और मिलूँगी। ऐसा करना, कल आ जाना - कल मैं मिलूँगी तुमसे। कल मैं वहाँ आने की कोशिश करूँगी - इसलिए कि आज रात मुझे कुछ फैसले लेने हैं। जिन्दगी और मौत के फ़ैसले - यह दुनिया सुकवीरा और तुम जैसे बुज़दिलों के सहारे नहीं गुजारी जा सकती। सुन रहे हो तुम। चलो अब खाना खाते हैं। वह बगैर रुके मेरा हाथ पकड़ कर डाईनिंग टेबुल की तरफ बढ़ गई।

शायद मैं कुछ नहीं सुन रहा था। कब मैंने खाना खाया, कब उठा। कब घर आया। जैसे एक अकड़ी हुई लाश मेरे जिस्म में रख दी गई थी। और जिस्म के 'इलेक्ट्रिक फर्नेस' में वह लाश लगातार जलती जा रही थी।

'अन्त' से आगे

जिन्दगी के समन्दर में घटनाओं की ऐसी छोटी छोटी मौज़ें आया करती हैं। फिर जैसे मौजें आपस में टकराती हुई गुम हो जाती हैं। - भूरे बालों वाली लड़की भी अचानक गुम हो गई। उस शाम वह पार्क में मिलने नहीं आई - मैं देर तक उसका इन्तज़ार करता रहा। वह दूसरे, तीसरे दिन भी नहीं आई। मुमकिन है उसके साथ कोई वाकिया हो गया हो। मुमकिन है उसने 'कार्ल' को छोड़ दिया हो। मुमकिन है उसने शहर ही छोड़ दिया हो। लेकिन चौथे दिन एक अजीब सा वाक़िआ मेरे साथ

हुआ - शाम को वह पार्क में नहीं मिली तो मेरे कदम खुद बखुद लेडिज शॉपिंग सेंटर की तरफ उठ गये -

कमरे में रात का नृत्य शुरू हो चुका था। मैं आहिस्ता आहिस्ता झूम रहा था। झूमते-झूमते मैंने टेप रिकार्ड में अंग्रेजी गानों का एक कैसेट लगा दिया - मैं कपड़े उतार रहा था। नहीं। मैं कपड़े बदल रहा था। गलत, मैं कपड़े उतार रहा था -

लेकिन नहीं - मैं कपड़े बदल चुका था।

दर्पण में अब एक बेढंगी और बेडौल औरत आ गई थी। जो भूरे बालों वाली लड़की नहीं थी। जो कार्ल सुकवीरा भी नहीं था।

और जिसे - मैंने भी आजतक नहीं देखा था।